KB104947

소리 지르지 않고 아이를 변화시키는 40가지 방법

미운 네 살 이야기 육아

소리 지르지 않고 아이를 변화시키는 40가지 방법

미운 네 살 이야기 육아

이나훈 지음

로그인

1장

스스로 하는 습관을 만드는 스토리텔링

2장

사회성을 기르는 스토리텔링

3장

좋은 행동으로 변화시키는 스토리텔링

4장

위안을 주는 스토리텔링

들어가는 말

육아가 막막해서 스토리텔링을 시작했다. 아이가 커가면서 맞닥뜨리는 여러 상황에서 어떻게 대처해야 할지 깜깜하기만 한데 그걸 가르쳐주는 사람이 없었다. 서너 살이 되면서 아이의 자기주장은 점점 늘어갔다. 차분하게 아이의 마음을 읽어주면서 똑 부러지게 훈육하는 엄마가 되기란 정말 어려운 일이었다. 그런 과정을 거치며 터득한 방법이 바로 스토리텔링이다. 광고 회사에 다니면서 늘 해온 일이 기획 업무다. 대상의 속성을 파악하고, 전달하려고 하는 핵심 메시지를 설정하고, 이를 설득력 있게 전달할 수 있는 방법을 고안하는 것이다. 한마디로 하나의 스토리를 만들어내는 일이다. 내게 맡겨진 육아 프로젝트를 거의 직업병 수준으로 고민한 끝에 내 아이에게도 이 방식을 적용해보기로 했다. 아이의 눈높이에 맞는 '스토리'를 만들어서 하고자 하는 말 대신 들려주기로 한 것이다.

가장 먼저 시도한 것은 배도라지청 이야기였다. 천식이 있던 아이에게 배도라지청이 좋다는 얘기를 듣고 먹여보려고 했지만 아이는 무조건 입을 틀어막고 거부했다. 궁리를 거듭하여, 배도라지청을 먹이기 전에 짤막한 스토리를 만들어 들려주었는데 효과가 정말 좋았다. 입에도 대지 않던 배도라지청을 매일 손을 들어 달라고 하는 믿지 못할 일이 일어난 것이다. 배도라지청 먹이기에 그치지 않고 다른 분야에도 적용해보았다. 스토리가 하나둘 쌓일 때마다 아이가 변화하는 모습이 정말 신기했다.

이야기를 들려줄 때 작은 귀를 쫑긋 세우고 새카만 눈동자를 반짝이며 나를 보는 아이의 얼굴이 좋았다. 그 사랑스러운 얼굴 앞에서는 세상 누구도 거짓말이나 나쁜 말을 할 수 없을 것 같다. 그렇게 아이의 눈을 보며 들려준 이야기들이 쌓여 여섯 해 아이를 기르는 동안 나에게 큰 힘이 되었다는 것을 깨달았다. 사는 동안 아이와 대화할 시간이야 많겠지만 이렇게 엄마가 지은 이야기가 큰 힘을 발휘할 수 있는 건 기껏해야 몇 년이다. 바꾸어 생각하면 '딱! 그 시기에 스토리텔링이 꼭!' 필요한 것이다.

육아가 힘들 때마다 한 편씩 만들어 내 아이에게 들려주었던 스토리 40편을 이 책에 실었다. 내가 시행착오를 겪으며 만든 이야기들이 독자 여러분의 육아에 조금이라도 도움이 되기를 희망하는 마음으로 한 줄 한 줄 적었다. 아이와 부딪히는 다양한 상황에서 욱하거나 아이에게 윽박을 지르는 대신 이 책에 나오는 스토리를 들려주길 바란다. 아니면 자신만의 스토리를 만드는 것도 좋다. 우리 아이는 다소 내성적인 성향이 있어서 이 책의 내용이 모든 아이에게 맞지 않을 수 있다. 아이의 성향과 상황에 맞게 스토리는 얼마든지 각색하면 된다. 그건 부모의 몫이다.

부모는 아이의 마음을 잡으려면 스토리텔러가 돼야 한다. 아이의 마음을 잡는 방법은 여러 가지다. 물질적인 것도 있고, 강압적으로 통제하는 방법도 있다. 어찌 보면 물질과 강압적인 통제는 어른이 할 수 있는 가장 쉬운 방법일지 모른다. 하지만 물질과 통제로 크는 아이들이 청소년기가 되고 자아를 찾으면서 얼마나 불행하게 자라는지 우리는 숱하게 보아왔다. 아이를 이해시켜 아이가 스스로 할 수 있게 동기를 부여하고, 상상의 날개를 달아주는 일이 부모로서 아이에게 해줄 수 있는 최고의 역할이 아닐까 생각한다. 스토리텔링은 그 역할을 충실히 해낸다. 스토리텔링은 부모와 아이 모두에게 좋은 점이 있다.

먼저, 부모의 육아가 쉬워진다. 짧은 이야기 하나로 아이를 이렇게 변화시키기 때문이다.

- 아이 스스로 해낼 수 있는 동기를 부여한다.
- 아이의 잘못된 행동을 바로잡고 좋은 습관을 기를 수 있게 해준다.
- 아이의 사회성을 기르는 데 도움이 된다.
- 아이에게 따뜻한 위안을 준다.

그리고, 부모가 들려주는 스토리를 듣고 자란 아이는 다음과 같은 장점이 있다.

- 이해력이 높아진다.
- 부모와 친해진다.
- 엄마와 하는 대화와 놀이가 재미있다.
- 말을 조리 있게 잘한다.
- 스스로 상상하며 이야기를 생산해낸다.

스토리텔링을 매개로 부모의 육아가 더욱 쉬워지고, 부모와 자녀가 편안하게 소통하는 계기가 되기를 기대한다.

2020년 여름

이 나 훈

• 짹짹이 엄마 •

영어 이름은 새 Birdie.
일과 육아의
소용돌이 속에서도
자유로운 영혼을 추구한다.

• 우리 집 귀요미 •

어린이집 졸업식 때 받은
왕관 쓰는 걸 좋아한다.
세상에서 엄마가 가장 좋은
엄마바라기.

• 곰돌이 아빠 •

곰돌이 캐릭터 회사에 다닌다.
실제로 세상 푸근한 인상.

1장

스스로 하는 습관을 만드는 스토리텔링

01 거품아저씨, 또 만나요

손 씻기

뚱뚱보 거품아저씨를 만나볼까요?

거품아저씨는 손에 있는 세균을 먹고 살아요.

손에 있는 세균을 먹으면 몸이 더 뚱뚱해진대요.

"자~ 세균을 한번 먹어 치워볼까?"

"대장이 손가락, 대장이 손톱도 쓱싹쓱싹"

"홀쭉이 손가락, 홀쭉이 손톱도 뽀글뽀글"

"길쭉이 손가락, 길쭉이 손톱도 미끌미끌"

"얌둥이 손가락, 얌둥이 손톱도 보들보들"

"아기 손가락, 아기 손톱도 몽글몽글"

와~ 세균을 먹으니 왕뚱뚱보 아저씨가 되었어요!

왕뚱뚱보 거품아저씨 세균 다 먹었나요?

자~ 그럼 모두 손을 모으고 두 손으로 감사 인사해요.

"부비부비, 세균 다 먹어줘서 감사합니다."

"뽀드득뽀드득, 깨끗하게 해줘서 고맙습니다."

이제 안녕할 시간이에요.

"쏴쏴, 거품아저씨 또 만나요!"

다른 신체 부위도 마찬가지겠지만 특히 아이의 손이 자라는 것을 보면 정말 하루가 다르게 쑥쑥 크는 것을 실감한다. 태어나서 품에 안을 때부터 내 손바닥 위에 아이 손을 포개어 크기를 재보곤 했다. 제법 큼직해진 다섯 살 아이 손은 이제 엄마 손에도 묵직하게 잡힌다. 아장아장 걸을 때만 해도 아이 팔을 번쩍 쳐들어야 내 손 안에 겨우 들어와 잡힐 듯 잡히지 않을 듯했다. 그렇게 꼼지락대던 아이의 작은 손은 어느덧 나란히 걸으면 자연스러운 높이에서 맞잡고 다니기에도 힘들지 않을 정도가 됐다. 요즘 아이 손을 잡고 걸으면 아이가 참으로 많이 컸고, 듬직하다는 생각이 든다.

얼마 전 방문한 소아과의 의사 선생님은 아이 손을 보며 말씀하셨다.

"아이 혼자 손 씻는 습관만 잘 들여도 병원 올 일은 거의 없어요."

우리 아이는 어린이집에서 유행하는 전염병이란 전염병은 빼놓지 않고 걸려오는 유행에 민감한(?) 아이이다. 이번에도 구내염으로 인한 고열과 구강 통증으로 크게 고생을 한 터였다. 코도 자주 파고(혼자 앉아 무언가에 열중하고 있어서 가보면 대부분 코를 파고 있다), 외출 후 집에 돌아와서도 손을 씻지 않고 요리조리 피해 다니며 딴청을 피우는 걸 보니 자주 감염되는 이유가 있구나 싶었다.

아이들은 어린이집이나 유치원에서 세균이나 바이러스가 묻은 손으로 함께 놀며 서로 감염성 질환을 주고받는데, 피해를 보지 않고 또 주지 않기 위해서는 손 씻기가 매우 중요하다. 나나 남편이나 퇴근 후 집에 오면 욕실로 직행하여 손을 씻는다. 손을 씻기 전에는 아이를 안아주지 않는다. 아이에게 모범을 보이면 아이가 으레 손 씻기를 따라하겠지 싶었는데, 아직 습관을 들이기에는 부족했나 보다. 구내염 진단을 받은 뒤 아이를 어린이집에 보내지 않고 집에서 직접 돌보게 됐다. 아이와 함께 있을 때 손 씻기 습관을 들여놓으면 좋을 것 같다는 생각이 들었다. 여느 때처럼 이래라저래라 명령하기보다는 아이 혼자서 필요한 것을 찾아서 할 수 있게 길잡이 정도의 역할을 하기로 했다. 아이 스스로 즐겁게 손 씻기를 할 수 있게 재미난 이야기를 들려주기로 한 것이다.

끄~~~~억

아이와 함께 있던 날, 집안일을 하다가 손 씻을 때가 되자 난 욕실로 들어가서 아이가 들을 만큼 큰소리로 외쳤다.

"앗, 뚱뚱보 거품아저씨가 나타났다!"

아이는 하던 놀이를 멈추고 욕실로 따라 들어왔다. 손에 거품 비누를 잔뜩 묻힌 나는 이야기를 풀어내기 시작했다.

"이 거품아저씨는 세균을 먹는데,

먹고 나면 왕뚱뚱보 아저씨가 된대. 거품아저씨~ 손가락, 손톱, 손등, 손바닥, 여기 있는 세균 다 먹어요!"

나는 꼼꼼히 손을 문질러 거품이 점점 커지는 것을 보며 이야기를 계속했다.

"이것 봐. 왕뚱뚱보 거품아저씨가 됐지?"

아이는 당장에 발판을 놓고 올라서며 내 옆으로 와 거품 비누를 달라고 한다. 꼼꼼하게 손을 문지르며 뚱뚱보 거품을 만들어낸다. 자못 심각한 표정으로 열중하는 아이 표정을 보니 뿌듯한 마음에 웃음을 참을 수가 없다. 몇 달 되지 않았지만, 밥을 먹기 전이나 외출했다 돌아올 때 거품아저씨를 만나게 해준 결과 아이 혼자 손 씻는 습관이 잘 잡혀가는 게 보였다.

한 번은 외식을 나갔다가 아이가 쉬야(소변)가 급하다고 하는 바람에 급히 화장실을 찾았다. 아이는 화장실에 들어가 볼일을 보고, 나는 멀찌감치 서서 기다리고 있었다. 일을 보고 나오는 아이를 지켜보고 있는데, 아이의 행동이 날 또 한 번 흐뭇하게 했다. 정성스레 손을 씻으며 뚱뚱보 거품아저씨 노래를 지어 부르는 거다.

"홀쭉이 손가락 세균도 먹어요. 길쭉이 손가락 세균도 먹어요……."

노래까지 지어 부르다니, 이제 아이도 거품아저씨 만나는 일에 재미를 붙인 모양이다. 함께 외출하고 집에 오면 나보다 먼저 거품아저씨를 만나겠다고 욕실로 달려가는 날도 있다.

아이의 듬직한 손을 잡으며 오늘도 생각한다. 우리 아이 예쁜 손 고운 손아, 계속 탈 없이 건강하게 자라나 세상에 필요한 곳에 두루두루 쓰이렴.

02 잠꾸러기 위를 깨워 보아요

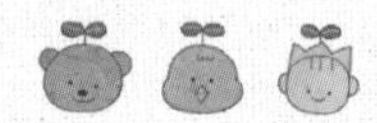

물 마시기

아침이 왔어요.

히야암~ 기지개를 켜고 일어나요.

그런데 내 몸속 '위'는 아직도 코~ 자고 있대요.

똑똑.

위야 일어나~

늦잠꾸러기 위야 일어나~

흐음~ 어떡하죠?

좋은 수가 있어요!

물을 쪼르르르~

앗, 아직도 안 일어나요.

물을 콸콸콸콸~

오, 위가 일어났네요.

아이 상쾌해!

이제 아침밥을 먹으면

위도 즐거워서 춤을 출 거예요.

랄라랄라 랄라라~

몇 주 전부터 소화가 안 되는가 싶더니 윗배가 붓고 통증까지 시작됐다. 평소에 병원 가기를 싫어하는 나는 며칠을 버티다가 주말 동안 고통스럽게 위액을 쏟아내고 나서야 월요일 출근길에 내과를 찾았다. 바로 위내시경 검사를 하고 상태를 확인했다. 역류성 식도염과 위궤양이라는 진단을 받고 한 달간의 약물치료를 시작했다. 의사 선생님은 약물과 함께 두 가지 행동 지침을 내려주셨다. 많이 걷고, 물을 많이 마실 것.

물 좀 마시라는 간절한 당부는 평생 부모님께 들은 걸로 충분한 줄 알았는데, 이렇게 마흔이 훌쩍 넘어 의사 선생님에게까지 듣게 될 줄이야. 그간 어지간히 말을 안 듣긴 안 들었나 보다. 나는 물만 마시면 화장실로 직행해야 하는 신체적 특징으로 물을 많이 마시면 업무에 지장이 있다고 소심하게 항변했다. 내 말에 의사 선생님은 2주만 참고 견디면 몸이 적응해서 자연스럽게 흡수력이 좋아진다고 하셨다.

내가 마셔야 할 물의 양은 하루 최소 2리터. 깨어 있는 시간에는 물이 든 잔을 달고 살아야 가능한 양이다. 물을 가까이에 두고 보일 때마다 마시려고 했지만 쉽지 않았다. 적응하려면 2주가 아니라 몇 곱절은 더 걸릴 것 같았다.

이렇게 의사 선생님의 조언까지 받고 나서야 물이 우리 몸에 얼마나 중요한지 깨닫는다. 그러면서 다짐한다. 내 아이만큼은 어려서부터 물 먹는 습관을 잘 들여줘야겠다고.

특히 성장기에는 세포 분열이 왕성하게 일어나는데 이때 물은 없어서는 안 되는 성분이다. 호흡기 질환을 예방하는 데도 물이 필수다. 3~5세 아이를 기준으로 보통 몸무게의 10% 정도의 물이 필요하다. 아이의 몸무게가 15kg이라면 1.5L 정도의 물을 마시는 것이 좋다. 12세부터는 하루 2L 이상 마실 것을 권장한다. 한마디로 습관화하지 않으면 안 된다. 그런데 평소에 우리 아이가 마시는 물의 양을 보니 하루 5~6잔은 더 마셔야 할 것 같았다. 아이에게는 점점 늘려가는 연습이 필요하다. 이왕 이렇게 된 이상 아이와 함께 있는 시간만이라도 서로 물 마시는 것을 독려하기 위해 놀이를 하나 만들기로 했다. 나와 아이의 건강을 위하여.

아침에 일어나자마자 물을 권하지만 아이는 시큰둥할 때가 많다. 아침 물은 자는 동안 몸속에 쌓인 노폐물을 씻어내 주기 때문에 중요한데, 아이가 깨어나 놀고 있을 때 물을 마시라고 하면 잔소리로 들리는지 대꾸도 않는다. 아이와 함께 물을 마시기로 다짐한 날, 물 마시라는 말 대신 당장에 아이가 호기심을 가질 만한 이야기를 시작했다.

"우리가 일어났을 때 말이야. 요기요기 목구멍 밑쪽에 내려가다 보면 요기에 있는 위는 아직도 잠이 오나봐. 요, 늦잠꾸러기 위야! 어서 일어나."

나는 목구멍에서 위가 위치한 가슴 아래로 손가락을 움직여 아이의 눈과 귀를 집중시켰다.

"흠……, 아침밥을 먹으면 위가 신나게 춤을 춰야 하는데, 그 전에 위를 깨워야 춤을 출 수 있어. 그런데 어떻게 하면 위를 깨울 수 있을까? 똑.똑. 노크해 볼까?"

그러라고 재촉하듯 아이가 고개를 끄덕인다.

"똑.똑."

"음……, 위가 하품하는 소리밖에 안 들리는데 어떡하지?"

나는 아이 가슴께에 귀를 대고 시무룩한 표정을 짓다가 손끝에 물을 살짝 묻혀 아이 얼굴에 털어 물을 튀긴다. 아이는 갑작스러운 물놀이인가 싶어 까르르 신이 났다.

"우리 위도 물로 깨워 볼까?"

"좋아!"

"물이 쪼르르르~ 위야 일어나! 음? 아직도 안 일어나네. 물이 콸콸콸콸~ 위야 일어나~"

나는 한 모금 마시고는 이내 몇 모금 더 들이켰다.

아이도 따라하며 물을 꿀꺽 마시고는 물이 제 몸 어디만큼 갔냐고 묻는다.

"오오오~ 물이 위에 도착했다. 콸콸콸콸~ 이제야 위가 기지개를 켜고 일어나네. 이제 위가 뭐라고 말하는지 들어볼까?"

다시 가슴팍에 귀를 대고 들어본다.

"'아이 상쾌해'라고 하는데? 엄마 위도 깨어났는지 한 번 들어볼래?"

아이한테도 그리 해보라고 한다.

이렇게 아침에 눈을 뜨면 물을 마시며 위를 깨우는 놀이를 시작했다. 물 한 번 마시고 아이의 가슴 위에서 물이 어디만큼 갔는지 손가락으로 간질여주고 귀로 들어보는 아주 간단한 놀이다. 간식을 먹기 전에도, 차를 타고 가다가도, 책을 보다가도, 수도 없이 잠자는 위를 깨우는 놀이를 한다. 물이 이만큼 내려갔다고 손을 꼬물대거나 가슴에 귀를 대고 소리가 들린다고 하면 아이는 신이 나서 또 한 모금을 마신다. 물론 그때마다 나도 따라 마신다. 기분 좋게 자주, 평소보다 많이 물을 마신다.

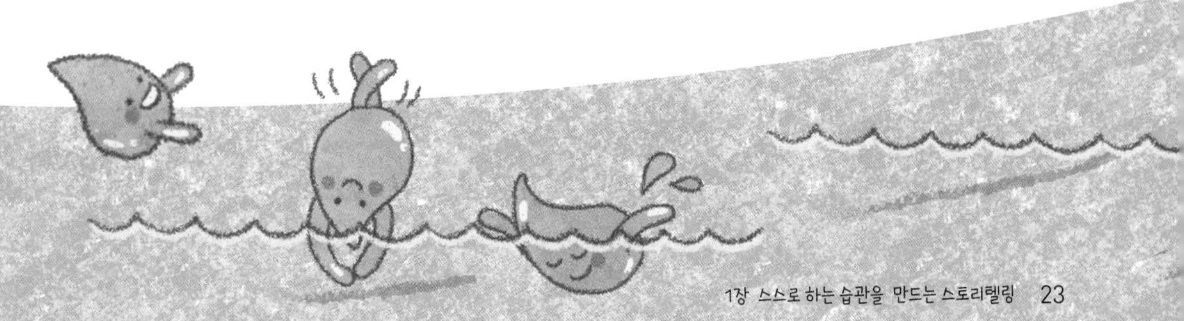

03 참 잘했어요!

스스로 밥 먹기

신나는 식사 시간이에요.

오늘도 밥 친구들이 하는 이야기를 들으며

맛있는 밥을 스스로 먹는 거예요.

공룡 밥엔 공룡 알들이 숨어 있어요.

어떤 알에서 새끼 공룡이 깨어날지 찾아보아요.

내 몸 모양의 밥을 먹으면 먹는 곳마다 힘이 세져요.

팔을 먹으면 팔에 힘이 불끈,

다리를 먹으면 다리가 으라차차 튼튼해져요.

문어 밥을 먹으면 내 몸도 꿈틀꿈틀, 내 다리도 비틀비틀거려요.

밥 친구들의 이야기를 듣다 보니 어느새 스스로 밥을 다 먹었어요.

밥 친구들의 이야기에 귀 기울여 주어서 참 잘했어요!

스스로 밥을 뚝딱 다 먹어서 참 잘했어요!

나에게 육아에서 가장 힘든 것을 꼽으라면 두 말 없이 '밥 먹이기'라고 할 것이다. 아이의 성장 단계마다 힘든 게 한두 가지가 아니었지만 모두 일정한 단계가 지나면 어느 정도 해소되었다. 하지만 밥 먹이기는 다르다. 이유식을 먹기 시작한 한 살 때부터 지금까지 줄곧 힘들다. 이유식을 하던 시기, 아이는 고기가 들어간 이유식을 입에 들어가기 무섭게 뱉어내서 날 걱정시켰다. 밥을 먹기 시작한 뒤로는 밥상에 앉기, 스스로 먹기, 골고루 먹기, 밥상에서 딴짓 하지 않기, 밥 먹는 도중 식탁에서 내려와 돌아다니지 않기, 밥상에서 책 읽지 않기, 밥 다 먹은 뒤에 간식 먹기 등의 기본 식사 예절을 지키지 않아 나를 곤욕스럽게 했다. 식사 예절만큼은 반드시 제대로 갖추게 하고 싶었기에 조곤조곤 설명도 해보고, 눈썹을 치켜뜨며 야단도 쳐보았다. 먹지 않을 땐 굶도록 내버려두는 방법을 동원해 보았다. 두 살부터 밥을 먹었다 쳤을 때 매일 한 끼씩만 계산해도 무려 1,500끼다. 1,500번의 노력을 생각하니 눈물이 앞을 가린다. 아직 부족하지만 노력한 만큼 나아진 부분이 있어서 '스스로 먹기'와 '제시간에 먹기', 그리고 '골고루 먹기'를 어떻게 해결했는지 세 편에 걸쳐 소개하고자 한다. 이번 장은 스스로 먹기 편이다.

사실 식사 예절을 바로잡기 어려웠던 큰 이유 중

에 하나는, 가족 모두가 한 식탁에 앉을 일이 많지 않았기 때문이다. 남편과 나는 야근이 잦고, 정시 퇴근을 하더라도 집에 오면 밥을 먹기엔 늦은 시간이라 아이와 함께 밥을 먹을 수 있는 시간은 아침이 유일하다. 하지만 남편은 아침을 먹지 않고, 나는 밥 대신 끼니를 대신할 수 있는 시리얼이나 식빵 한 조각을 먹고 출근하는 날이 많다. 엄마 아빠는 식탁에 앉지 않으면서 아이에게는 차려진 한 상을 혼자서 다 먹으라고 하는 건 어쩌면 처음부터 부모의 무리한 욕심이었을지 모른다. 아이 입장에서 볼 때 하루 종일 떨어져 있는 엄마 아빠와 놀 수 있는 유일한 시간에 자꾸 밥만 먹으라고 하니 거부할 만도 하다. 더구나 일어나자마자 입맛도 없는 아침에 말이다. 그런데도 아이에게 아침 한 끼 먹이는 엄마 마음에, 어떻게 해서든 먹게 하려는 욕심은 내려놓을 수 없었다.

나는 끼니를 대충 때우던 데서 식탁에 앉아 아이에게 차려준 밥을 함께 먹는 것부터 시작했다. 최소한 같은 시간에 같은 메뉴를 맛있게 먹는 것이 기본이라는 생각에서다. 하지만 먹는 속도가 차이가 나다 보니 아이 혼자 남겨지는 건 어쩔 수 없었다. 혼자 남겨지더라도 제시간에 스스로 먹을 수 있게 하는 방법으로 나는 그날의 밥 메뉴에 이야기를 담아 먹이기 시작했다.

예를 들어 주먹밥을 만드는 날이면 모양에 따라 다음과 같은 다양한 이야기가 탄생한다.

- **공룡주먹밥**: 공룡 모양과 알 몇 개를 만들어 엄마 공룡이 알을 낳는 이야기를 들려준다. 어느 알에서 아기 공룡이 먼저 태어날지 기대하면서 주먹밥으로 만든 알을 깨는 재미가 쏠쏠하다.
- **아이 이름+주먹밥**: 인체 모양으로 머리, 몸통, 팔, 다리를 만들어 접시에 놓으면 끝

이다. 인체의 한 부분을 먹을 때마다 아이 몸의 같은 부위에 힘이 생긴다는 이야기를 들려준다. 아이는 제 이름을 붙인 이 주먹밥을 가장 좋아한다. 머리 부분을 먹고 나선 똑똑해졌다 하고, 팔 한쪽을 먹고는 힘이 세졌다며 주먹을 치켜든다. 다리 한쪽을 먹고 나서는 정말 힘을 얻었다는 듯이 일어나서 한 발로 쿵쿵 뛴다.

• **문어주먹밥**: 꼬마 소시지를 활용하여 문어 주먹밥을 만들거나 주먹밥 자체를 문어 모양으로 만들어도 재미있다. 문어가 아이 뱃속에 들어가 꾸물거리는 이야기를 들려주면 한 입 먹고 나서 제 팔과 몸을 꼬아댄다.

비빔밥이나 볶음밥이라면 재료에서 이야기를 따온다. 곤드레나물, 버섯, 홍당무가 들어간 비빔밥은 곤드레, 버드레, 홍드레가 만나 친구가 된 이야기를 들려준다. 그러면 아이는 이들 세 친구가 사이좋게 숟가락에 올라왔는지 꼭 확인하고 먹는다. 낙지볶음밥을 먹는 날엔 숨기 좋아하는 낙지가 밥에 꼭꼭 숨어 있으니 숨은 낙지를 찾아보라고 하는데, 아이는 낙지를 열심히 찾으며 숟가락을 채운다.

그날 만든 반찬이 있다면 반찬에 관한 짧은 이야기를 담아 주면 된다. 달걀 프라이는 해님을 가린 구름이 되고, 김은 까만 밤이 된다. 아이는 달걀 프라이를 볼 때마다 구름 속에 쏙 숨은 해님을 찾으러 간다며 밥 먹는 데 열중한다. 같은 밥, 같은 소재를 가지고 어떤 이야기든 무궁무진하게 만들어낼 수 있으니 식사 시간이 늘 새롭게 느껴지는 효과도 있다. 이렇게 그날의 메뉴와 관련된 짤막한 이야기들을 들려주고 나면 아이는 딴짓할 겨를 없이 밥 먹기에 몰두한다. 스스로 앉아서 밥을 먹는 것만으로 출근 준비하는 내내 마음이 놓인다. 아이에게 밥 먹일 때마다 마음이 바쁜 분들에게 추천하고 싶은 방법이다.

04 몸속 여행

골고루 먹기

몸속을 구석구석 여행해 보아요.

우리 몸의 부분들은 무슨 음식을 좋아하는지 들어볼까요?

튼튼 근육은 단백질을 좋아해요.

단백질은 고기에 있대요.

"고기 먹고 튼튼 짱짱 몸이 되어 보아요!"

상처 난 곳에는 비타민이 필요해요.

비타민은 오이에 많대요.

"오이 먹고 상처 난 곳에 호~ 해보세요!"

생각주머니 머리는 지방을 원해요.

지방은 호두에 들어 있대요.

"호두 먹고 똑똑해질까요?"

단단 뼈는 칼슘을 사랑해요.

칼슘은 요 작은 멸치에 들어 있대요.

"멸치 먹고 단단하게 쑥쑥 자라요!"

보송보송 살은 탄수화물을 좋아해요.

탄수화물은 감자에 많지요.

"감자 먹고 영차영차 힘내요!"

자, 이제 우리 몸이 원하는 음식을 다 먹어 볼까요?

"네!"

내게 오랜 과제였던 밥 먹이기, 이번에는 편식 없애기 편이다.

사람마다 음식에 대한 호불호가 있게 마련이지만 세상 모든 엄마는 제 아이가 가리는 것 없이 골고루 잘 먹기를 바랄 것이다. 우리 아이는 식감이 질긴 음식, 이를테면 소고기나 북어 등을 싫어한다. 새로운 음식, 특히 매워 보이는 빨간색 음식은 무조건 거부부터 한다. 혀로 조금이라도 맛보게 유도하지만 늘 실패다. 아이의 성격과도 어느 정도 연관이 있는 것 같아서 강요하지는 않는다. 사실 내 음식 솜씨가 형편없는 탓도 있음을 인정한다. 그렇다 보니 모든 반찬을 골고루 먹이는 건, 특히 새로운 반찬을 먹이는 건 여간 어려운 일이 아니었다.

한 번은 데친 시금치를 아이에게 주면서 무치라고 했다. 데쳐서 물기를 뺀 시금치를 큰 볼에 담아 필요한 양념의 양만 조절해서 주니 한참을 조물거리며 무쳐 낸다. 실은, 덩어리가 잘 풀어지지 않아 뒤돌아 후딱 버무려서 접시에 내놓았다. 내가 먼저 한 입 먹고는 세상에서 제일 맛있는 시금치 무침이라고 거침없는 칭찬을 했다. 아이도 숟가락 한가득 시금치를 올려서는 입을 크게 벌려 털어 넣더니 쩍쩍 씹어 해치운다. 시금치를 여러 번 무쳐 본 우리 아이는 이제 어디서 시금치 얘기만 나와도 자기가 세상에서 시금치를 제일 잘 무친다며 자랑을 한다.

아이와 요리할 시간이 허락된다면 재료를 사 오고, 만져보고, 씻고, 만드는 과정을 함께하며 요리에 참여시키는 것이 반찬을 골고루 먹게 하는 가장 좋은 방법이겠다. 하지만 주중에는 시간이 안 되고, 주말에는 몸이 따라주질 않으니 집에 있는 것, 즉 친정엄마가 해주신 반찬이나 반조리 식품이라도 잘 먹이겠다고 다짐했다.

아이가 싫어하는 반찬을 먹이기 위해 그 반찬을 아이가 좋아하는 반찬 옆에 전략적으로 배치했다. 그러고는 반찬에 순서를 매겨 밥 한 숟갈에 반찬 하나씩을 번호대로 차례차례 먹게 했다. 아이 식판에 놓인 반찬을 오른쪽이나 왼쪽 한 방향으로 밥 한 번, 반찬 한 번씩을 먹게 하는 것이다. 예를 들어 1번 생선 반찬, 2번 나물 반찬, 3번 볶음 반찬이 있으면 처음에는 '밥+생선', 다음에는 '밥+나물', 그리고 '밥+볶음' 순으로 먹인다. 밥을 먹기 전 아이에게 어느 반찬부터 먹을 것인지를 정하게 하는 것도 방법이다. 그러면 아이 스스로 결정을 해서인지 정해진 순서에 따라 순순히 먹는다. 하지만 이도 몇 번 하다 보니 제가 싫어하는 반찬 순서를 지나기까지는 다소 긴 실랑이 시간이 있다.

잘 먹지 않는 고기류와 선호하지 않는 채소 반찬을 어떻게 하면 좀 더 잘 먹게 할 수 있을까? 사실 어른들에게도 쉽지 않은 일인지라 아이에게 어떻게 말해주면 좋을지를 많이 고민했다. 나는 기본에 충실하기로 했다. 반찬(재료)마다 각기 다른 영양 성분이 들어 있고 우리 몸에 들어가 하는 역할이 다른 만큼 이 부분을 잘 알려주면 좋겠다는 생각이 들었다. 먼저, 아이에게 다섯 가지 영양소에 대한 이야기를 해주었다. '두부에 많은 단백질, 멸치에 가득한 칼슘, 비타민이 많이 들어 있는 오이…….'

아이 딴에는 난생처음 듣는 어려운 이야기일 텐데 반찬마다 다른 무언가가 들어 있다는 사실이 신기한지 아이는 눈동자의 흔들림도 없이 초롱초롱한 눈을 하고 엄마의 설명을 듣는다. 다섯 가지 영양소 이야기를 끝낸 뒤 아이가 별로 좋아하지 않는 반찬이 그려진 그림카드를 만들어 주었다. 고기와 두부는 단백질 카드, 호박과 오이는 비타민 카드, 호두는 지방 카드, 생선과 깻잎은 칼슘 카드, 고구마는 탄수화물 카드.

다섯 개의 그림카드를 만든 뒤 이번에는 아이의 신체 그림을 크게 그려 벽에 붙인다. 그러고는 아이가 그림카드에 해당하는 반찬을 다 먹으면 신체 그림에 카드를 붙여주기로 약속한다.

"단백질이 많은 고기 반찬을 먹어 볼까? 단백질은 몸을 튼튼하게 해준대. 그래서 슈퍼 울트라맨도 고기를 정말 좋아한대!"

아이가 고기 반찬을 한 번 먹으면 아이 팔 그림 위에 단백질 카드를 붙여준다.

"비타민은 몸의 피로도 풀어주고, 상처도 빨리 아물게 해준대. 오이무침 먹고 지난번에 넘어져서 상처 난 요기 낫게 해볼까?"

그러면서 아이 무릎에 비타민 카드를 붙인다.

"지방이 많은 호두를 먹으면 온몸을 돌아다니다 머리에 쏙 들어가 머리를 똑똑하게 해준대."

호두 그림을 아이 머리 부분에 붙인다.

"깻잎에는 칼슘이 많은데, 칼슘을 먹으면 뼈가 단단해져서 키가 쑤욱 큰대!"

칼슘 카드는 아이 머리 꼭대기 부분에 붙인다.

"탄수화물은 몸에 힘이 나게 해준대. 아침에 일어나 힘이 없다고 했지? 밥 한 숟가락 먹고 힘내볼까?"

탄수화물 카드를 아이 배에 붙이려는데, 마침 지방에 계신 시어머님께 영상전화가 온다. 아이는 자기가 배운 것을 할머니께 열심히 설명한다.

"할머니, 저 깻잎 먹었어요. 엄마 뭐였지? 아, 칼슘. 칼슘이 많아서 뼈가 단단해진대요!"

어머님도 저편에서 칼슘을 아느냐고, 뼈가 아주 튼튼해지겠다고 호응해주신다. 그날 아침 아이 몸에 모든 영양소 그림카드를 다 붙였다.

그림카드를 몇 번 써먹지 않고도 아이의 편식 습관은 거의 없어졌다. 더 좋은 건, 새로운 음식에 대한 거부감도 많이 줄었다는 것이다. 시각 자료를 활용해서 직접 체험하게 하는 것은 마케팅에서도 빼놓을 수 없는 중요한 요소다. 소비자의 뇌리에 장점이 콕콕 박혀 소유하고자 하는 욕구를 불러일으키는 효과가 있기 때문이다. 아이가 편식하는 음식이 있다면 그 음식을 그림카드로 만들어 아이 신체 그림 위에 붙이는 놀이를 꼭 한 번 해보기 바란다. 각기 다른 음식들이 몸의 구석구석으로 여행하며 어떻게 우리 몸을 튼튼하게 만들어주는지 눈으로 본다면 아이가 더욱 관심을 보일 것이다.

05 긴바늘과 시합해요

제시간에 먹기

오늘 아침도 수영이는 긴바늘과 달리기 시합을 해요.

수영이가 이기기도 하고 긴바늘이 이기기도 하는데, 오늘은 어떤지 한번 볼까요?

"수영아, 오늘도 긴바늘이랑 달리기 시합할까? 어느 숫자까지 가볼까?"

"6이요!"

"좋아, 수영이랑 긴바늘 둘 다 6까지 달려보는 거야."

"자, 그럼, 준비 출발!"

"재깍재깍재깍- 오오, 긴바늘이 빨리 가고 있네. 벌써 3까지 갔어!"

"냠냠 쩝쩝- 오오, 우리 수영이도 잘 먹고 있네. 벌써 반이나 먹었어!"

"자, 결승선이 얼마 남지 않았어."

"오오오, 수영이가 밥을 다 먹었구나. 수영이가 해냈어!"

오늘은 수영이가 긴바늘을 이겼네요.

야호! 이제 여유롭게 어린이집에 갈 준비를 해볼까요?

밥 먹이기 습관 중 마지막은 제시간에 먹기이다.

우리 아이의 밥 먹는 속도는 정말 느리다. 아이의 작은 입과 치아, 작은 목구멍을 고려했을 때 어른의 잣대로만 보는 건 아닌지 자문해 보지만, 또래 다른 아이들과 비교해 봤을 때도 느린 편이긴 하다. 집에서 먹을 때면 1시간은 기본이고, 1시간 반이 걸리는 날도 많다. 가만히 보면 밥을 매우 천천히 오물오물 씹는다. 씹는 속도로는 느리다고 책망할 수 없다. 오히려 꼭꼭 씹는 것에 감사할 일이다.

사실 식사 시간이 길어지는 이유에는 밥 먹는 시간도 있지만, 그보다는 아이가 딴짓을 해서인 경우가 대부분이다. 식탁 위에 혹여 아이가 관심 가질 만한 장난감이라도 놓여 있으면 미리 치워두건만 예상을 뒤엎고 식기나 수저, 심지어 휴지를 가지고도 놀이

를 한다. 아이는 요새 좀 더 지능적으로 식사 시간을 늘린다. 밥을 씹지 않고 하염없이 물고만 있는 것이다. 이미 진즉에 한 입 먹어 치웠어야 할 타임이라 다음 숟가락을 먹으라고 종용하면 연신 "먹고 있어!"라고 한다. 이제 나의 잔소리도 "먹어!" 대신 "씹어!"가 됐다. 하지만 아이의 이런 페이스에 말려버리면 결국 엄마만 손해다. 급할 것 없는 아이가 세월아 네월아 여유 부리고 있는 걸 보며 속이 터지는 것은 엄마다. 아이야 제시간에 어린이집 등원하는 게 뭣이 중하겠는가.

아이 밥 먹는 속도에 따라 조마조마하며 스트레스 받는 아침 시간을 어떻게 해서든 개선해야 했다. 출근 전에 모든 준비를 마치고 어린이집에 등원시키려면 늦어도 8시 30분까지는 밥 먹기를 끝내야 한다. 그렇다면 7시 50분에는 식탁에 앉히고 40분 이내에 밥 먹기에 도전!

아이 스스로 목표를 정하고 성취의 기쁨을 맛볼 수 있도록 제시간에 먹기 규칙을 만들었다. 밥 먹기 완료 시간을 아이가 정하고 정한 시간까지 시계의 긴 바늘과 아이가 달리기 시합을 하는 것이다. 목표를 달성하도록 밥의 양도 줄여주었다. 큼지막한 숫자가 적힌 벽시계를 보며(아이가 아직 시계를 볼 줄 모르니) 긴바늘이 어떤 숫자에 갈 때까지 먹겠느냐고 물어본다. 매일 7시 50분에는 식탁에 앉히므로 긴바늘이 10에 있는데, 3이라고 말하면 8시 15분까지 먹게 하는 것이다. 이제 시합이 시작된다. 긴바늘이 계속 움직이는 것을 아이가 직접 보게 하면 더 효과적이다.

"시계 긴바늘이 10에 있네. 7시 50분이 되었구나. 오늘은 어떤 숫자까지 먹을까?"

"음……, 3!"

"좋아, 그럼 긴바늘이 3에 가는 8시 15분까지 다 먹는 거야. 긴바늘은 열심히 달리고, 너는 열심히 먹고, 누가 먼저 가나 시합하는 거야. 달리기 시합, 요이- 땅!"

15분까지는 물론 몇 숟가락 먹지 못하고 끝이 났다. 양을 평소보다 많이 줄여줬는데도, 비뚤어진 자세를 잡고, 물을 마시고 하다 보니 첫술을 뜨기까지도 꽤 오랜 시간이 걸렸다. 한 순갈이라도 더 먹이지 못해 마음이 짠하지만 목표한 시간이 된 만큼 밥상을 치웠다. 당분간은 제 양을 다 채워 먹이기보다는 규칙을 이해하고 목표 시간에 맞추는 게 중요했다. 며칠이 지나자 아이는 목표 숫자를 정할 때 더 골똘해지더니 3, 4, 5를 고루 시도해 본다. 저도 덜 먹은 것을 기억하는지 몇 번의 시행착오 끝에 내가 목표로 한 숫자인 6을 말하기 시작했다. 시계와 달리기 시합을 한 지 한 달이 채 안 됐을 때 아이는 40분 이내에 제 양을 먹기 시작했다. 요즘은 꾀가 늘어 목표 시간을 9나 10으로 말하기도 한다. 물론 허용하진 않는다.

사실 밥을 먹고 과일이나 간단한 후식을 먹다 보면 또 시간이 모자란다. 하지만 아이가 시간관념을 갖고 목표대로 수행하는 습관이 생긴 것만으로도 만족이다. 아이가 살면서 깨달아야 할 중요한 것 중 하나가 바로 시간의 소중함 아니겠는가. 시간은 절대 기다려주지 않는다는 걸 체험했으니 아이도 주어진 시간을 알차게 사용하는 습관을 들이기를 맘속으로 빌어본다. 바쁜 아침은? 그건 영원히 바꿀 수 없는 숙명 같은 게 아닐까?

06 벌레 잡기 놀이해요

양치하기

치카치카 벌레 잡기 시작!

아빠 양치를 따라해 볼까요?

하마처럼 입을 쩍 벌리고

안쪽 어금니까지 힘을 주어 치카치카치카

엄마 양치를 따라해 볼까요?

개구리처럼 입을 길게 찢어서

위아래로 쓱싹쓱싹쓱싹

아이 양치를 따라해 볼까요?

강아지처럼 혀를 쭈욱 내밀고는

혓바닥을 스륵스륵스르륵

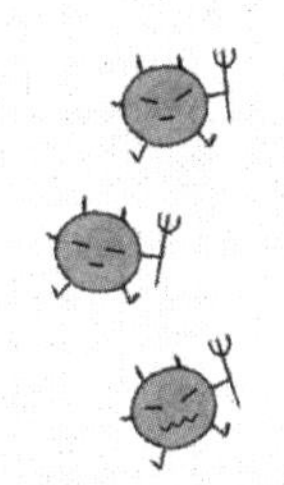

누가누가 벌레를 많이 잡았나 살펴볼까요?

퉤퉤퉤~ 아빠는 고기 벌레 하나

컥컥컥~ 엄마는 시금치 벌레 하나

트트트~ 아이는 고기 벌레 하나, 시금치 벌레 하나, 김 벌레 하나

잡은 벌레만큼 벌레 그림을 색칠해볼까요?

아빠는 고기 벌레 하나 꼬물꼬물

엄마는 시금치 벌레 하나 흐물흐물

아이는 고기 벌레 하나 꼬물꼬물 시금치 벌레 하나 흐물흐물 김 벌레 하나 까뭇까뭇

치카치카 벌레 잡기 끝!

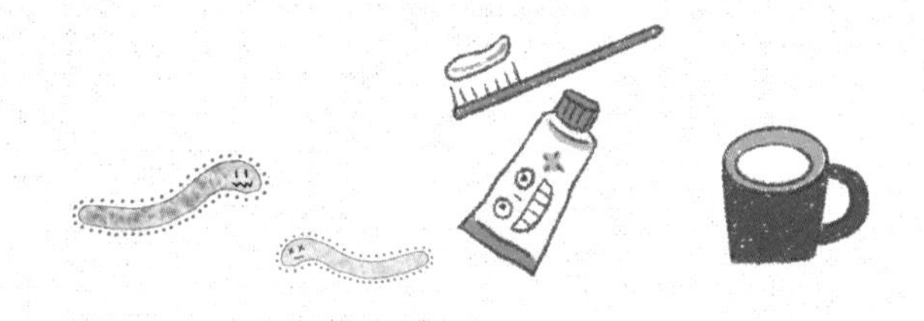

시댁에서 아이를 잠시 맡아주시던 시절이 있다. 그때 아버님이 휴대폰으로 보내주신 사진 한 장에는 어머님이 무릎에 아이를 눕히고 어머님의 한쪽 손과 다리로는 아이의 팔과 배를 움직이지 못하도록 제압하고, 다른 한손으로는 아이의 입속에 칫솔을 넣어 칫솔질을 하는 장면이 담겨 있다. 모르는 사람이 보면 학대로 오인할 진풍경이겠지만, 우리 집에서는 꽤 익숙한 모습이다. 식사 후 양치를 시키기 위해 온갖 방법을 다 동원하다가 끝까지 말을 안 들으면 최후통첩을 하고 발버둥 치는 아이를 눕혀 강제로 양치를 시키곤 했던 것이다. 그 시절을 떠올리면 현재 여섯 살인 아이는 가히 천사 수준이다. 물론 천사가 되는 과정이 순탄치만은 않았다.

전문가들은 유치가 날 때부터 치아를 관리하는 것이 중요하다고 말한다. 유치에 충치가 생기면 영구치도 함께 썩을 수도 있고, 유치를 일찍 뽑는 경우 치열이 고르지 않게 자랄 수 있기 때문이다. 아이가 과자나 사탕류를 먹기 시작하니 치아 관리에도 꽤 신경이 쓰였다. 시중엔 유아 시기에 바른 치아 관리를 시작하도록 양치 습관을 기르는 데 도움이 되는 책이나 놀이 방법이 넘쳐난다. 양치 관련 그림책과 양치질 소리로 흥미를 유발하는 사운드북도 쉽게 구할 수 있고, 양치를 쉽게 교육하는 모바일 앱도 나와 있다. 인형에 직접 칫솔질을 해보게 하거나 놀이를 통해 치아가 썩는 과정을 설명하는 것도 좋은 방법이다. 칫솔이나 치약도 아이의 기호에 맞출 수 있게끔 선택의 폭이 매우 넓다. 하지만 이렇게 다양한 방법과 제품이 있다는 건, 역으로 생각하면 아이에게 양치질을 시키기가, 바른 양치 습관을 길러주기가 그만큼 어렵다는 방증이 아닐까?

칫솔을 가져다 대면 도망가기 바쁘던 우리 아이에게도 여러 책과 다양한 놀이를 시도해 보았다. 많은 시행착오 끝에 찾아낸, 우리 아이를 치카치카 천사로 만든 비법을 공개하고자 한다. 어차피 아이의 치아 관리를 위한 노력은 계속되어야 하니까.

우리 집에서 아이를 사로잡은 양치 교육 방법은 바로 '치카치카 벌레 잡기' 놀이다. 칫솔질을 하면서 누가 입안에 든 벌레를 많이 잡는지 놀이하는 것이다. 식사 후 엄마, 아빠, 아이가 함께 욕실로 간다. 아이의 치약 뚜껑은 로켓 모양으로 생겼는데 뚜껑을 열어 "로켓 발사!"를 외치며 치약을 짜주는 것으로 놀이를 시작한다.

1단계는 벌레 잡기다. 함께 서서 거울에 비친 서로의 모습을 보며 양치를 따라한다. 아이는 치카치카 쓱싹쓱싹 칫솔질을 따라하면서 자연스럽게 양치 순서와 방법을 익힌다. 한 명이 과장되거나 우스꽝스러운 표정을 짓기도 한다. 이 모습을 따라하다 보면 종종 양치 중에 웃음바다가 되곤 한다.

2단계는 벌레 확인하기다. 칫솔질을 다 하고 나서 퉤~ 하고 거품을 뱉으면 입 안에 있던 음식물 찌꺼기가 섞여 나온다. 아이는 그걸 입 안의 벌레라고 말한다. 고기 벌레, 시금치 벌레, 김 벌레. 아직 음식을 다 씹어 넘기기가 미숙한 아이는 벌레 잡기 놀이에서 일등을 놓치지 않는다. 그러면 우리 부부는 아이가 입 안의 벌레를 다 잡았다며 한껏 칭찬해준다. 지금 벌레를 잡지 않았다면 벌레가 입 안에 살면서 이를 다 갉아먹어 '빵꾸'가 났을 거라고 살짝 덧붙인다.

3단계는 벌레 그림 색칠하기다. 양치 후 욕실을 나오면 큼지막한 전지가 붙은 거실 벽으로 간다. 치카치카로 벌레를 잡은 기념으로 자기가 잡은 수만큼 전지에 그려놓은 벌레 그림에 색칠을 한다. 오늘 까만색 김 벌레를 잡았으면 자기 이름 옆의 벌레 한 마리를 까맣게 색칠하면 된다. 이렇게 벌레를 잡고, 확인하고, 색칠까지 하는 3단계를 거칠 때마다 교육 효과가 느껴진다. 가족과 함께하니 즐겁고 따라하기도 쉽다. 내 입에 든 벌레를 내가 잡아 바로 눈으로 확인하니 양치의 소득도 있고(?) 개운하다. 또한 양치 후 벌레 그림에 색을 칠하면 벌레를 다 무찔러서 보상을 받는 느낌도 든다.

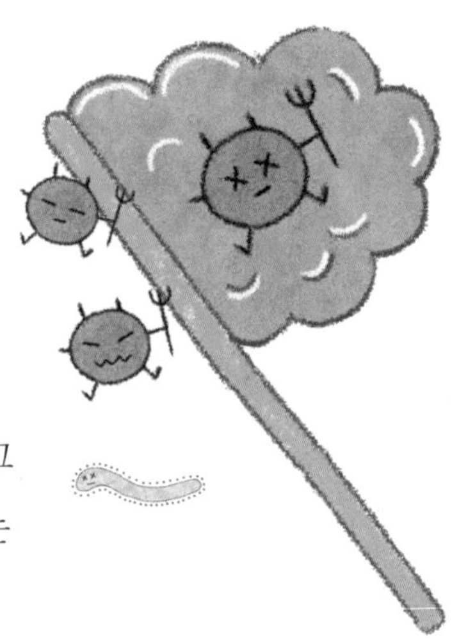

치과 정기 검진을 받을 때가 되어서 가는 길에 아이도 함께 데려가 검진을 받았다. 선생님은 아이에게 치아가 매우 튼튼하다고, 지금처럼 양치질을 잘하면 된다고 말씀해 주신다. 아이는 뿌듯한 웃음을 숨기지 않는다. 나도 엄지를 번쩍 치켜세워 준다. 독자 분들도 아이의 치아 건강에 빨간불이 들어오기 전에 아이에게 꼭 맞는 양치 놀이 방법을 찾으시길 바란다. 아직도 아이 몸을 눕혀 제압하고 있다면 위에서 알려준 방법을 꼭 사용해 보시길 권한다. 우리 아이들 모두 양치 천사가 되기를.

07 무궁화 꽃이 피었습니다

옷 입기

오늘도 용이 아빠와 용이는 옷 입기 놀이를 해요.

술래가 뒤돌아 '무궁화 꽃이 피었습니다'를 외치는 동안

다른 사람은 차례차례 옷을 입어요.

"가위바위보!"

아빠가 술래가 됐네요.

아빠가 말해요.

"아, 이번엔 아빠가 술래. 이제 아빠가 뒤돌아 있는 동안 옷을 입는 거야."

용이가 말해요.

"아빠, 천~천~히 해~"

아빠가 말해요.

"무~궁~화~ 꽃이 피었습니다!"

용이는 '무궁화 꽃이 피었습니다'를 한 번 할 때마다

팬티도 입고, 바지도 입고, 티셔츠도 입고, 양말까지 신었어요.

용이는 옷을 엄청나게 빨리 입어서 아빠를 놀라게 해주려나 봐요.

아빠는 놀라서 말해요.

"오, 우리 용이 벌써 다 입었구나."

시간이 정상적인 속도를 넘어 마치 달아나듯 빨리 가버리는 시간대가 있다. 바로 아침 출근 전 두 시간이다. 아침이면 시간이 20배속으로 빨라져 마치 20분 단위로 움직이는 것 같다. 아침에 나를 위해 쓰는 시간도 부족하지만, 그래도 하루 한 끼 정도는 가족을 위해 무엇이라도 해주고 싶은 마음에 아침 식사를 준비한다.

식사 준비까지는 오히려 양호하다. 아이를 식탁까지 데려와 앉히기, 밥 먹이기, 씻고 양치시키기, 옷 입히기, 준비물 챙기기 등 부가적인 일을 하다 보면 이미 출근 시간이다. 조금이나마 시간을 절약하기 위해 전날 밤에 챙겨놓을 수 있는 것들을 미리 챙겨놓으면 되지만, 야근이 잦은 나에게는 그 또한 만만치 않은 시간적 · 감정적 부담이다. 결국 또 바삐 가는 시간을 보며 '몇 시 됐다!'를 연신 외쳐대며 매일 아침 전쟁을 치른다. 더욱이 평소보다 조금 더 일찍 회사에 출근해야 하는 날이면 내 짜증 수치도 함께 높아진다.

나에게는 이렇게 분주한 아침이거늘 아이는 일어나자마자 힘없이 늘어져서는 괜한 투정을 하곤 한다. 녀석이 늘어진 연체동물처럼 소파에 엎드린 채로 내가 언젠가 하던 소리를 따라 내뱉는 걸 보면 가관이다.

"엄마, 내가 지금 손가락 움직일 힘이 없어."

'하……, 네가 정말 그 정도로 힘이 없단 말이냐. 엄마는 믿을 수가 없구나.'

거의 온종일을 떨어져 지내는 아이는 그나마 엄마를 볼 수 있는 아침, 저녁의 짧은 시간에 '최소 시간 최대 효율'을 실천하려는 듯 무조건 같이 있어 달라고 한다. 한 공간에 있는 '같이'를 넘어 찰떡같이 붙어서 자기 옆에 있어 달라는 것이다. 일 분 일 초라도 떨어졌다 싶으면, "엄마 어딨어?" 하고 찾아오니 말이다. 하지만 이 바쁜 아침에 아이와 함께 앉아서 아이가 하자는 대로 책 읽고 인형 놀이를 할 수는 없는 법. 내 준비를 마쳐도 아이를 챙기다 보면 엄청난 시간과 에너지가 소비되다 보니 아이 준비를 효율적으로 할 수 있는 전략이 필요했다.

옷 입기 또한 시간이 오래 걸리는 일 중 하나다. 우리 아이는 잠옷을 벗겨 놓으면 벗은 채로 이 방 저 방 돌아다니기를 좋아해서 한참을 쫓아다녀야 잡을 수 있다. 옷에 대한 그날의 평가도 한 몫 한다. 옷이 마음에 든다, 안 든다, 특정 옷만 입겠다, 양말을 신겠다, 안 신겠다, 그러다 시계를 보면 난 다시 불안 · 짜증 모드가 되기 일쑤다. 오늘도 지각이겠군.

그래서 사용한 방법이 옷 입기 놀이다. 놀이를 하듯 아이 스스로 옷을 갈아입도록 도와주는 것이다. 먼저 가위바위보를 통해 술래를 정한다. 하지만 큰 의미는 없다. 아이가 무얼 낼지 빤히 알기 때문이다. 우리 아이는 아직 가위바위보 기술에 능숙치 않다. 늘 가위를 내는 아이에게 나는 매일 지지만, 언제나 그렇듯 놀라는 척을 하며 기꺼이 술래가 되어준다.

"와~ 오늘도 네가 이겼구나!"

내가 뒤돌아 '무궁화 꽃이 피었습니다'를 하는 동안 아이는 차례차례 옷을 입는다. 하나씩 입은 모습을 보면서 칭찬해준다.

"오, 팬티를 엄청나게 빨리 입었네! 꼭 수영 선수 같다."

"오, 바지를 벌써 입었네. 아빠처럼 멋진데~"

"와우, 티셔츠도 입었어? 우리 아들 말끔하다."

"앗, 누가 양말을 안 신었지? 누가 먼저 옷 입기 일등 할까?"

엄마는 옆에 있되, 놀이를 통해 아이 혼자 할 수 있게끔 봐주기만 하면 된다. 그 시간에 나는 초스피드로 화장을 하고 머리를 만진다. 예전에는 옷을 입을 때마다 잔소리하고, 언성 높이고, 결국 서로 감정이 상하는 일을 반복했다. 하지만 지금은 시간 절약은 물론이고 아이도 어쨌든 엄마랑 '같이' 있어 안심하니 일석이조다.

놀이를 하다 보면 아이의 옷 입기 속도가 총알같이 빨라진다. 혼자 다 입고는 신나서 외친다. "오늘도 내가 일등!"

그러면 나는 속으로 안도한다. '휴, 오늘도 지각은 면했구나. 고맙다, 아이야.'

08 신발을 찾아요

신발 정리하기

두리번두리번 신발을 찾아요.

"사뿐사뿐 할머니 꽃신 한 짝이 어디 있나요?"

할머니 꽃신 한 짝 아빠 신발 옆에 있네요.

"터벅터벅 아빠 신발 한 짝이 어디 있나요?"

아빠 신발 한 짝 엄마 구두 옆에 있네요.

"또각또각 엄마 구두 한 짝이 어디 있나요?"

엄마 구두 한 짝 아이 장화 옆에 있네요.

"참방참방 아이 장화 한 짝이 어디 있나요?"

아이 장화 한 짝 우리 아이 발 옆에 있네요.

자, 모두모두 짝꿍을 찾아보아요.

나란히나란히 어깨동무할 짝꿍을 찾아보아요.

남편과 나는 가사분담이 꽤 잘되어 있는 편이다. 집안일마다 역할을 정해서 하는 것은 아니고, 서로의 생활습관이나 회사 일의 바쁜 정도에 따라 알아서 분담한다. 남편은 늦게 자고 늦게 일어나는 습관이 있어서, 아침상 차리기는 주로 내가 한다. 하지만 내가 남편보다 먼저 출근하는 만큼 설거지는 남편 차지다. 청소, 요리, 정리, 세탁을 포함한 모든 집안일이 그런 식이다. 회사 일로 바쁠 때는 상대적으로 덜 바쁜 사람이 도맡아 한다. 그러다 보니 자연스레 서로 번갈아 하거나, 둘 다 바쁠 때는 주말에 몰아서 같이 한다.

이렇게 공동 분담을 하지만, 잘하기로 따지면 남편이 모든 면에서 훨씬 낫다. 청소기를 들면 바닥뿐만 아니라 창틀에까지 구석구석 샅샅이 들이댄다. 세탁 후 빨래를 널고 개는 건 예술의 경지다. 빨래 양쪽의 끝점까지 맞춰가며 각을 잡는다. 양말은 꼭 제 짝을 맞춰 너는 것도 나와는 다르다. 요리도 훨씬 잘한다. 나는 집에 있는 재료를 대충 짐작해서 섞고 비비거나 볶는 쉬운 요리를 하는 반면, 남편은 필요한 재료를 모두 갖춰놓고 정확한 레시피에 따라 요리한다.

남편은 중국에서 7년 정도 유학 생활을 했는데, 7년 내내 중국인들과 함께 기숙사의 다인실을 썼다고 한다. 비교적 시끄럽고 지저분한 습관을 지닌 중국 친구들과(비하가 아닌 문화 차이의 의미로) 무난하게 생활할 수 있었던 건, 1년 남짓 남편이 청소와 정리 등을 솔선수범하니 자연스레 기숙사 친구들도 돕게 돼서라고 한다. 남편이 집안일을 잘하는 것은, 자립심 있게 키워주신 부모님의 영향이 클 것이다.

나는 남편이 하는 집안일을 아이가 잘 보고 배웠으면 하는 바람이다. 그래서 부모가 집안일을 할 때, 특히 남편이 할 때면 늘 아이를 동참시킨다. 실제로 어려서 집안일을 많이 하는 아이가 어른이 되어 성공할 확률도 높다고 한다. 어릴 때 작은 성취감을 맛보게 하면 독립심과 책임감이 강해져서 스스로 할 줄 아는 게 많아지기 때문이다. 아이가 집안일에 동참하게 하기 위해서는 그 일들에 재미를 느끼도록 하는 것이 첫걸음이 아닐까? 신발 정리, 청소기 돌리기, 빨래하기와 널기 등 우리 아이가 잘하는 몇 가지가 있는데 어떻게 재미를 주고 습관을 들였는지 차례로 공유하고자 한다.

우선 신발 정리다. 어릴 때 누구나 '무엇이 무엇이 똑같을까' 노래를 부르며 짝 찾기 놀이를 해본 경험이 있을 것이다. 우리 아이도 주변 사물의 '짝 찾기 놀이'와 더불어 난이도를 높여 가며 '그림 퍼즐'을 맞췄다. 그런 영향인지 아이는 무엇이든 짝을 맞춰 놓는 것을 좋아한다. 아이의 이 습관을 신발 정리에도 적용하면 좋을 듯싶었다. 아이를 현관으로 불러 내가 먼저 놀이하듯 시범을 보였다.

"파란 운동화 짝은 어디 있나요? 파란 운동화 한 짝은 어떤 짝과 똑같을까? 파란 운동화 짝은 여기 있네요."

아이도 바로 엄마 구두 한 짝을 들고 따라한다.

"까만 구두 짝은 어디 있나요? 까만 구두 한 짝은 어떤 짝과 똑같을까? 까만 구두 여기 있네요."

나는 계속 신발을 찾아 제자리에 놓는 놀이를 한다.

"할머니 신발은 쓰러져 있네요? 엄마 응급차 출동! 삐뽀삐뽀삐뽀. 엄마 응급차가 할머니 신발을 구해주었어요. 이제 쓰러지지 마세요."

나는 할머니 신발 한 쌍을 가지런히 두었다. 아이와 함께 나머지 현관의 신발을 깨끗이 정리했다. 아이도 뿌듯해한다.

집에 많은 손님이 온 날, 우르르 몰려든 손님으로 현관에 신발이 꽉 차고도 공간이 부족해서 현관 밖까지 넘쳤다. 손님들이 거실에 둘러앉고 어수선한 분위기가 가라앉을 무렵, 아이가 없어진 것을 알아챘다. 모두들 놀라서 아이 이름을 부르고 방에도 들어가 봤지만 아이는 없었다. 손님 중 한 명이 밖으로 나가보니 아이가 거기서 신발을 정리하고 있는 게 아닌가! 아이는 많은 신발에 신이 나서 현관에 있는 신발을 다 정리하고는 현관 밖에 있는 신발까지 정리하고 있었다. 한 손님이 웃으며 말한다.

"얘야, 넌 신발 정리왕이로구나!"

09 대청소 날이에요

청소와 빨래하기

봄날 햇살이 뺨을 사르르사르르 간지럽혀요.

겨울의 묵은 때를 벗도록 대청소를 해볼까요?

부숭부숭 먼지 잡아라!

치익치익 물을 뿌려요.

지잉지잉 청소기도 돌리고요.

씨이이잉 하고 돌리기가 끝이 나면

드르르룩 줄을 감아요.

뽀드득뽀드득 바닥도 닦아요.

뽀송뽀송 빨래도 해요!

삐삐삐삐 세탁기를 깨우면요,

덜컹덜컹 잠에서 일어난답니다.

부르르르 몸을 떨고 나선

콸콸콸콸 물을 쏟아내요.

빙그르르 몇 바퀴를 돌면

부우우웅 빨래하기 시작이에요.

탈탈탈탈 빨래를 펴서

착착착착 널면 끝이에요.

대청소 끝!

집이 반짝반짝 윤이 나네요!

신생아가 울거나 보챌 때 백색소음을 들려주면 안정감을 느낀다고 하는데, 이는 태아일 때 뱃속에서 듣는 소리와 비슷하기 때문이라고 한다. 그래서일까? 아이는 두세 살이 되어서도 백색소음이 나는 전자제품을 매우 좋아했다. 청소기를 돌리면 졸졸 따라다니며 자기가 밀겠다며 손잡이를 달라 하고, 세탁을 하면 자신을 안아서 세탁기 버튼과 세탁조 안을 보여달라고 했다. 세탁 후 젖은 빨래를 바구니에 넣어 오면 옷가지를 챙겨 건조대에 삐뚤빼뚤 걸쳐 놓았다. 제대로 널지 않아 금세 뚝 떨어지고 마는 빨래를 몇 번이고 다시 올려놓았다.

아이가 세 살 때 시어머니가 오셔서 아이를 돌봐주던 시기가 있다. 한창 회사 일을 하고 있을 때 보내주신 영상 몇 개를 보고 신기함 반 기특함 반으로 한참 웃었다. 영상 속 아이는 거실에 넓게 펴놓은 이불 위에 올라가 제 몸만 한 이불 청소기를 두 손으로 밀며 구석구석 이불 청소를 하는가 하면, 또 다른 영상에선 작은 손으로 걸레를 꼭 쥐고선 바닥을 닦는다고 곰지락댄다.

그동안은 아이가 흥미로워할 때만 청소기나 세탁기를 보여주거나 몇 번 만지작거리게 하고 말았는데, 그 영상을 보고 나니 이참에 아이에게 제대로 집안일 하는 습관을 들여줘도 좋겠다는 생각이 들었다. 아이가 어른들의 집안일에 관심을 두고 따라할 때가 습관을 들이는 적기인 듯싶다. 습관을 들이기 위해서는, 무엇보다 관심 두는 집안일에 재미를 더해 주고 아이가 집안일을 해놓은 상태가 어떻든지 칭찬과 격려를 아끼지 말아야 할 것이다.

가만히 생각해보니 청소기 사용하기, 바닥 닦기, 세탁하기와 같은 집안일은 그만의 고유한 소리가 있다. 그 소리들을 이용하면 아이의 관심을 유도하기 쉽겠다는 생각이 들었다. 집안일을 하는 과정마다 의성어를 강조해서 말하면 아이도 저 스스로 해보겠다고 한다.

먼저 청소기 돌리기. 우선 '치익치익' 먼지를 잡자고 유도한다. 먼지를 가라앉히기 위해 분무기를 들고 다니며 공중에 물을 뿌리면 허공에서 퍼지는 미세한 물 입자가 부드럽게 퍼지며 살갗에 닿는다. 아이는 신기한 듯 바라보며 자기도 뿌려보겠다고 손을 높이 쳐든다. 이 방 저 방으로 뛰어다니며 물을 뿌리는 게 물총 싸움하는 모양새다.

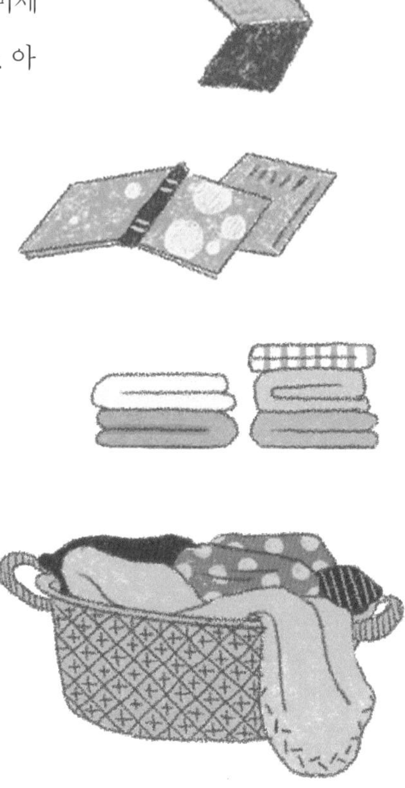

물을 다 뿌린 뒤엔 청소기 플러그를 꽂고 청소기의 세기를 고르라고 한다. 이때 세기에 따라 강도를 달리하며 묻는다. (작게) '지잉지잉' 청소할까? (좀 더 크게) '지이잉~' 청소할까? 아니면 (엄청 크게) '지이이이잉!' 청소할까? 아이는 '지이이이잉!' 청소가 좋단다. 최대 강도로 청소기를 다 돌리고 나면

'드르르르륵' 감기는 줄도 재밌는 놀이다. 줄이 감기는 버튼을 누르는 건 반드시 아이 담당이다. 무선 청소기는 아이가 들기에는 버겁고 높이도 높아서 다른 놀이로 대체한다. 눈에 띄는 먼지나 작은 쓰레기를 먼저 찾는 사람이 청소기를 차지한다. 무선 청소기를 작동시키는 곳이 마치 총의 방아쇠와 같은 느낌이라, '두두두두' 하며 총쏘기 놀이를 한다.

바닥 청소도 밀대를 사용할 때는 '쓰르르륵 쓰르르륵' 소리를 내주고, 걸레질을 할 때는 '뽀드득뽀드득' 닦아보자고 한다. 그러면 아이도 '뽀드득뽀드득' 소리를 내며 두 팔에 온 힘을 담아 바닥을 닦는다.

세탁기 또한 아이에게는 재미있는 놀잇감이 된다. 세팅을 하기 위해 '삐삐삐' 소리를 내며 이런저런 버튼을 누르게 해준다. 준비가 완료되면 세탁기가 '덜컹덜컹 덜컹덜컹' 깨어나며 몸을 '부르르르르' 떤다고 말해주고 세탁기 소리를 듣게 한다. 아이는 말로 하는 소리와 기계에서 나는 소리를 듣고는 신기한 듯 꺄르르 웃는다. 물이 '콸콸콸콸' 폭포수처럼 쏟아져 내리고, '빙그르르르' 하며 몇 바퀴를 돌면 이내 '부우우웅 부우우웅' 하며 세탁기가 돌아간다. 세탁기가 돌아갈 때까지 이런 재미난 소리들을 계속 흉내 내며 아이에게 버튼을 누르거나 빨래 넣는 일을 시킨다. 세탁이 끝나고 나는 소리는 아이가 가장 먼저 듣고 얘기해준다. "딩띵띠리리링! 빨래 끝났어요!"라고 중계까지 해준다. 빨래를 가져와 널 때도 아이를 동참시킨다. 낑낑대며 혼자서 들려고 하는 빨래 바구니를 양쪽에 나누어 잡고 와서 건조대 앞에서 아이에게 말한다. '탈탈' 털어 '착' 걸쳐 놓는 거라고 말이다.

아이에게 습관을 들이느라 소리로 '집안일 놀이'를 하지만 제 맘대로 찧고 까부는 아이를 보면 나도 덩달아 신이 난다. 사실 혼자서 집안일을 하면 부산하게 왔다 갔다 하는 수고로움이 벅찰 때가 있다. 특히 집안일이 힘든 엄마들은 아이의 역할을 잘 배분해주면 도움도 받고, 아이도 좋은 습관을 기를 수 있을 것이다.

10 괜찮아 괜찮아

심부름 하기

엄마가 심부름하러 다녀오래요.

모자 쓰고 외투 입고 운동화도 신고,

밖에 가서 물 한 병을 사 오래요.

바람 때문에 내 모자가 날아가면 어떡하죠?

괜찮아 괜찮아, 모자 쓰고 나면 리본도 매어 줄게.

길 가다가 쿵! 하고 넘어지면 어떡해요?

괜찮아 괜찮아, 뛰지 않고 천천히 조심조심 걷는 거야.

가게 아저씨가 무서우면 어떡하죠?

괜찮아 괜찮아, 혼자서 가게에 오는 씩씩한 아이라고 칭찬해주실걸.

주머니 속에 든 돈이 없어지면 어떡하죠?

괜찮아 괜찮아, 주머니 단추 꼭꼭 채워 닫아 줄게.

물이 쏟아지면 어떡해요?

괜찮아 괜찮아, 물병을 가방에 넣어서 메고 오면 쏟아지지 않을 거야.

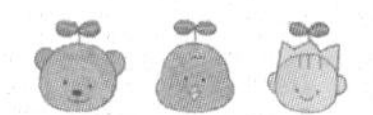

길가에 반들반들 빛나는 예쁜 돌멩이가 있으면 어떡하죠?

괜찮아 괜찮아, 잠시 안녕 하고 이따가 놀자.

그래도 겁이 나면 어떡해요?

그러면 용기 충전하고 가면 되지. 용기야 솟아라~ 이야아아압!

자, 이제 준비됐나요?

네, 엄마 심부름 다녀오겠습니다!

아이가 '처음으로' 무언가를 시도하고 이루어내는 순간은 엄마에게 적잖은 긴장감과 감격을, 그리고 엄마 된 보람을 동시에 안겨준다. 아무리 사소한 도전일지라도 엄마들은 그 소중한 순간을 어떡해서든 오래오래 기억하기 위해 휴대전화의 사진첩을 아이 사진으로 꽉꽉 채우는 게 아닐까?

임신 후 배가 불러오기 시작하면서 이사를 결심했다. 신혼집은 둘이 살기엔 적당했지만 새 식구로 인해 불어날 짐, 무엇보다 아이의 활동 반경을 감당하기엔 다소 좁을 듯해서 만삭의 몸으로 이사를 감행했다. 이사 간 새집에 앉아 거실과 부엌으로 가는 모퉁이, 문턱을 보고 있자니, 곧 집안 구석구석을 꼬물대며 기어다닐 아이의 모습이 그려졌다. 얼마 지나지 않아 정말로 내 상상 속의 풍경이 눈앞에 재현됐을 때는 감격으로 온 마음이 벅차올랐다. 처음으로 두세 걸음을 뒤뚱뒤뚱 완성해서 나에게 달려와 와락 안겼던 일, 처음으로 노래를 따라 부르고, 처음으로 크레용을 쥔 힘없는 손으로 희미한 선 하나를 그리고, 처음으로 통문장으로 말을 하는(놀랍게도 이 문장은 "엄마, 아빠 사랑해요"였다) 이 모든 '처음'의 순간들은 지금까지도 또렷하게 기억창고에 저장돼 있다.

얼마 전부터 나 혼자 마음 설레며 상상하고 있는 아이의 모습이 있는데, 바로 아이의 첫 바깥심부름이다. 지금도 집안 심부름은 제법 잘해낸다. 밤 기저귀를 챙겨오는 것도, 집안에 쓰레기가 떨어져 있으면 주워서 쓰레기통에 쏙 넣는 것도, 내가 손이 없으면 냉장고 문을 여닫아주는 것도, 아침에 수저를 놓는 일도 모두 아이 몫이다. 집안에서 하는 심부름은 잘하는 편이니 집 밖에 다녀오는 것도 어렵지 않겠다는 생각이지만 막상 심부름을 시키자니 복잡한 생각이 들었다. 우선 누구의 손도 잡지 않고 온전히 혼자 어딘가를 다녀올 수 있을지 걱정이 되었고, 어떤 심부름을 시켜야 할지도 고민이 됐다. 첫 심부름이니 길 건너는 건 피하고, 내 가시거리 안에 있을 때 시켜야 할 일이었다.

첫 바깥심부름을 시킬 기회는 뜻하지 않던 날에 찾아왔다. 어느 토요일 늦은 오전, 아이의 어린이집 친구와 그의 엄마를 만났다. 독박육아가 예정된 주말에는 어김없이 연락하는, 우리 집과 멀지 않은 곳에 사는 동네 친구이기도 했다. 폭풍 같은 한 주를 보내고 난 주말 아침이라 나에게 느긋한 하루로 보상해주고픈 마음에 초록이 우거진 집 앞 공원으로 가 돗자리를 폈다. 주말에 온전히 혼자 아이를 돌보는 엄마들의 수고를 최소화하기 위해 근처에서 사 온 점심거리와 간식거리를 돗자리 위에 펼쳐 놓았다. 공원에 도착한 아이들은 한낮이 지났는데도 자리에 앉을 기색은커녕 이곳저곳을 뛰어다니느라 바쁘다. 공원 수십 바퀴를 돌고 나서야 자리로 돌아온 아이들이 물을 찾는데, 마침 물이 다 떨어졌다. 심부름을 시킬 요량보다는 이미 자리를 잡고 앉아 있는지라 움직이기 귀찮은 마음에 농담 반 진담 반으로 아이에게 물었다.

"지금 물이 다 떨어졌는데, 가서 물 한 통 사 올래?"

매점은 우리가 앉아 있는 자리에서 공원 광장을 가로질러 반대편 끝자락에 있었다.

"아니, 엄마가……."

아이는 혼자 가야 한다는 두려움 때문인지 엄마가 사 오라며 말끝을 흐린다.

"우리 집에서 하던 소꿉놀이처럼, 물 주세요~ 하면 돼."

물건 사는 놀이를 했던 게 떠오르는지 아이는 잠시 생각에 잠긴다.

"음, 물이 얼마야?"

씽씽 장난감

달콤빵집

관심을 보이니 이미 반쯤 넘어왔다.

"천 원. 이 지폐 한 장 드리면 돼."

아이는 이내 가겠다는 마음을 먹고 천 원짜리 한 장을 손에 꼭 쥐고는 쌩~ 하고 뛰어간다. 그런데 매점 앞에서 한참을 기웃대더니 다시 뒤돌아 달려온다.

"엄마, 가게 앞에 사람이 많아서 못.들.어.가!"

자신이 안 사 온 게 아니고 못 사 온 것임을 강조라도 하듯 눈을 동그랗게 뜨고 또박또박 말해준다. 건너편을 보니 매점 앞에 웅성거리고 있는 학생들이 여럿 보인다. 저기 보이는 형아와 누나들은 매점에 가는 게 아닌 것 같으니 그 사람들 옆으로 비켜서 들어가면 된다고 말해주었다. 형님들의 덩치에 이미 주눅이 든 아이는 발만 동동 구르고 있다. 의욕이 더 떨어지기 전에 얼른 아이에게 말한다.

"우리 용기파워 충전하고 갈까? 용기파워 충전! 지지지지직~ 파워게이지 올라간다.

뚜뚜뚜 충전 완료! 이야, 우리 아이 용기파워 가득 찼다. 이제 가볼까?"

"응, 엄마. 물 사가지고 올게!"

아이는 자신감이 넘치는 얼굴을 하고는 다시 물을 사러 간다.

살금살금 아이 뒤를 쫓아 매점에 들어간 것을 멀찍이서 확인하고 아이를 기다렸다. 그러고는 휴대전화의 카메라를 열어 줌 기능으로 물을 들고 나오는 아이 얼굴을 바로 포착했다. 세상을 정복한 듯 의기양양한 웃음이 배어 나온다. 그렇지. 내가 상상했던 첫 심부름이 이런 모습이었지. 햇살 좋은 토요일, 또 하나의 '처음'이 기분 좋게 내 맘속에 아로새겨진다.

참, 그날 첫 심부름 이후 신이 난 아이는 여러 이유를 대며 세 번이나 물심부름을 더 다녀왔다.

2장

사회성을 기르는 스토리텔링

01 앗, 우리 빵이 다 어딜 간 거야?

친구를 때리거나 물 때

하마랑 돼지랑 룰루랄라 소풍을 갔어.

몰랑몰랑 맛있는 빵을 구워 바구니에 쏘옥 넣어갔지.

하지만 소풍 온 하마와 돼지는 투닥투닥 싸우고만 있었어.

처음엔 하마는 물가에 앉자고, 돼지는 나무 밑에 앉자고 싸웠지.

화가 난 하마가 돼지 손을 꽉! 하고 깨무는 사이,

까마귀가 날아와 바구니에서 빵을 하나 쏘옥 물고 날아가 버렸어.

둘은 물가와 나무 중간에 앉기로 하고 자리를 펴는데

이번에는 서로 먼저 앉겠다고 또 다투었지.

기분이 상한 돼지는 하마 손을 쿵! 하고 때렸지 뭐야.

이때 까마귀가 또 날아와 빵을 또 콕 집어 날아가 버렸네.

둘은 빵이 없어진 줄도 모르고 싸우고만 있었지.

하마와 돼지는 서로 쳐다보지도 않고 등을 지고 앉았어.

그러니 까마귀가 또 날아와 남은 빵을 다~ 먹어버린 거야.

한참 씩씩대던 하마와 돼지는 배가 고파졌어.

둘은 뒤돌아서 빵 바구니를 열었는데

어머나, 이런! 우리 빵이 다 어딜 간 거야?

육아는 한 번 웃고 한 번 우는 일의 무한한 반복인 것 같다. 아이는 하루에도 몇 번씩 내 심장을 녹일 듯한 예쁜 짓을 하다가도 어느새 심장을 폭발시킬 듯한 미운 짓을 하고 있다. 그 밸런스를 지키는 게 마치 육아의 미덕이라도 되는 듯 말이다. 육아란 이런 거라고 온몸으로 말해주는 아이를 보며 나의 고함소리도 나날이 커져만 간다.

아이가 서너 살쯤에 줄곧 하던 미운 짓은 다름 아닌 폭력(?)이었다. 어린이집에서 다른 아이들을 깨물거나 그 조그마한 손으로 주먹을 퍽! 하고 날리는 거다. 열흘이 멀다 하고 사건이 발생하니 내 한숨과 고민도 깊어져만 갔다. 제 딴에 저보다 작고 여린 아이라 생각했는지 서너 명의 아이들에게만 집중적으로 공격을 해댔다. 그 엄마들이 보낸 메시지 알람이 뜨기만 해도 나는 뜨끔해져서 불안한 맘으로 휴대전화를 확인했다. 한 번은 여자아이의 얼굴을 깨물어 멍이 들었다며 훈육 좀 제대로 시키라는 문자를 받았다. 메시지를 보는 순간 얼굴이 화끈거리고 당장 무릎이라도 꿇고 싶은 심정이었다. 바르는 연고와 반창고는 집 앞 약국에서 사는 단골 메뉴가 되었고, 앞으로 잘 교육하겠다는 반성문조의 사과 편지는 복사라도 해놓아야 할 판이었다. 어쩌다 다른 아이가 우리 아이를 때리거나 물었다는 말을 들은 날은 안도하는 수준을 넘어 오히려 감사할 지경이었다. 어떻게 하면 아이가 이 버릇을 고칠까?

처음 몇 번은 아이의 마음을 읽으려 애쓰고 타일러보기도 했다.

"친구가 말도 없이 장난감을 빼앗아가서 속상했구나. 그래도 물거나 때리면 안 돼."

그다음엔 더 강하고 단호하게 얘기했다.

"안 돼. 깨물지 마. 때리지 마."

어린이집 선생님 말씀처럼 계속 반복하더라도 아이 말을 들어주고 싶었지만 한두 번도 아니고 나도 한계가 와서, 갈수록 언성이 높아졌다.

"대체 왜 깨물어! 이 녀석아!"

전문가들은 아이가 화가 나서 물거나 때리는 것은 지극히 정상적이니 이를 적절하게 통제하는 방법을 알려주는 게 중요하다고 말한다. 나도 아이가 원하는 것과 기분이 어떤지를 말로 표현하도록 유도해보았다. 하지만 깨물고 때리는 것은 '정말 안 되는 것'이라고 아이의 뇌리에 콕 박히도록 강한 자극을 주고 싶었다. '어떻게 하면 폭력이 나쁜 것이라는 걸 공감하게 하지?', '어떻게 하면 말로 하는 게 더 나은 방법인 것을 알게 하지?' 고민 끝에 나는 아이만을 위한 인형극을 해주기로 했다. 아이를 때릴 수도, 때리는 걸 보여줄 수도 없으니 인형을 통해 아이가 상황을 볼 수 있게 한 것이다.

아이가 어떤 아이를 세게 밀쳤다고 한 날, 난 조금 일찍 퇴근해서 인형극 스토리를 짜고 손가락 인형 등 몇 가지 준비물을 챙겼다. 그러고는 거실 앉은뱅이책상에 골판지로 된 무대를 놓았다. 이제 테이블 앞에 아이를 앉히고 나는 무대 뒤로 갔다. 내용은 하마와 돼지가 소풍을 가는 내내 서로 때리고 깨물면서 싸우다가, 소풍에 싸간 맛있는 빵이 다 없어져서 먹지도 놀지도 못하고 울면서 집에 돌아온 이야기였다. 하마가 손을 무는 장면이나 돼지가 때리는 장면에서는 아이도 인상을 찌푸린다. 인형극을 다 끝내고 보니 아이는 지은 죄가 있어서인지 기분이 별로 좋지 않았다. 아이를 앉혀놓고 조용히 대화를 나누었다.

"하마가 돼지를 물었을 때 돼지는 어땠을까?"

"아팠어."

"돼지가 하마를 때렸을 때 하마는 어땠을까?"

"아팠어."

"깨물고 때리는 동안 까마귀가 빵을 다 먹어버렸지?

"응."

"그래서 하마와 돼지는 빵을 먹을 수 있었어?"

"아니."

"하마랑 돼지랑 물고 때리는 대신 어떡하면 좋을까?"

"몰라."

"물지 않고, 때리지 않고, 내가 어디에 앉고 싶다고 말로 하는 게 좋겠지?"

"응."

대화를 나눈 후 아이는 손가락 도장을 꾸욱 찍으며 다시는 때리거나 물지 않고 말로 하기로 또 한 번 약속했다.

사실 인형극이 얼마나 효과가 있었는지는 알 방법이 없다. 그리고 아이의 공격적인 행동이 점차 없어진 것이 인형극 때문인지 그럴 시기가 지나서인지도 모를 일이다. 하지만 인형극이 아이의 인상에 깊이 남은 것은 확실하다. 아이는 가끔 돼지와 하마의 손가락 인형을 보며 이렇게 말한다.

"하마야 깨물지 마, 돼지야 때리지 마. 너네 빵 못 먹어!"

02 꼭꼭 숨어라

혼자서만 놀 때

꼭꼭 숨어라

누가누가 찾을까

꼭꼭 숨어라

수리수리 요술봉

반짝반짝 요술막대 보일라

꼭꼭 숨어라

토실토실 붕어빵

달콤한 냄새 들킬라

꼭꼭 숨어라

통통 튀는 탁구공

또르르르 구르는 소리 들릴라

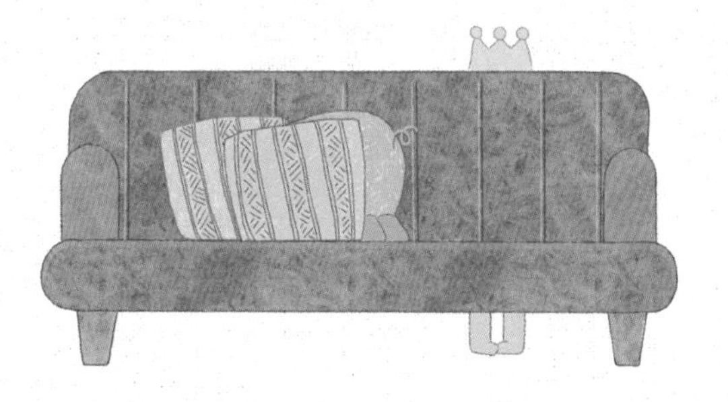

육아 휴직을 길게 쓸 수 없는 상황이다 보니 아이가 다소 어린 11개월 때부터 어린이집에 보내기 시작했다. 갓난아기일 때는 아이의 기질을 잘 몰랐는데, 어린이집에 보내 놓고 보니 아이가 내향적이라는 사실을 알게 됐다. 어린이집에서 부모 상담을 한 적이 있다. 선생님께서는 우리 아이가 책만 보고 있고 산책 시간에 나가려고 하지 않아서 결국 도서대를 치우셨다고 했다. 그러면서 또래와 상호작용을 할 나이는 아니니 너무 걱정하지 말라는 말씀을 덧붙이셨다. 그러나 또래와 놀 만한 나이가 돼서도 아이는 혼자 놀기 일쑤였다. 아이가 다섯 살 때 회사에서 지원하는 가족 상담을 받은 적이 있다. 상담 선생님은 아이가 '위험 회피형'으로 보인다고 하셨다. 위험 회피형은 '낯선 것은 위험하다'라고 인식하여 새로운 것은 거리를 두고 떨어져 한참을 관찰한 뒤 어느 정도 익숙하다 싶으면 다가가는 타입이라고 한다. 선생님 말씀을 들으니 여러 상황에서 그동안 아이가 왜 그렇게 행동했는지에 대한 실마리가 풀리는 것 같았다.

한 번은 숲 체험을 간 적이 있는데(물론 많은 아이들과 함께였다), 프로그램 중에 도토리 나르기 놀이가 있었다. 아이들이 한 줄로 서서 맨 뒤 아이부터 앞의 아이에게 밤껍질을 눌러 만든 숟가락으로 동그란 도토리를 차례로 넘겨주는 놀이였다. 하지만 아이는 부끄럽다며 내 치맛자락에 얼굴을 묻고 줄조차 서지 못했다. 또 어느 날은 뮤지컬을 하나 보여줬는데, 극이 끝나고 배우가 나와서 극에 나왔던 토끼똥(초콜릿)을 나눠준다고 무대로 나오라고 한다. 아이는 끝끝내 앞으로 나가지 않고 초콜릿을 포기했다.

아이가 네 살 때 한 번도 가르쳐주지 않은 한글을 읽어서 깜짝 놀랐던 적이 있다. 책

을 읽어줄 때 아이가 겉표지에 있는 제목에 관심을 가져 한 글자씩 짚어서 읽어주곤 했는데 그 글자들을 각인해서 스스로 읽은 것이다. 그때는 마냥 신기했는데, 가만히 생각해보니 내향적이라 함께하는 활동보다는 혼자서 즐기는 책세상이 더 좋아서 글자를 빨리 익힌 듯싶다. 물론 내향적인 것이 나쁜 것도 아니고, 아이의 고유한 기질이므로 존중한다. 하지만 계속해서 그러면 사회성도 떨어지고 친구도 사귀지 못할 것 같아 걱정되었다. 그래서 아이가 친구들과 어울리게 하려고 갖가지 방법을 동원해봤다. 어린이집 선생님의 조언대로 친구 한 명을 집으로 초대해서 같이 놀게 했다. 하지만 한 명의 친구가 와도 함께 어울리지 못하고 이내 따로 논다. 우리 아이는 혼자서 책을 읽고 있고, 친구는 블록 놀이를 하고 있다. 혹시 친구들과 상호작용을 할 수 있는 몸놀이가 도움이 될까 하여 집 근처 육아 센터에서 하는 체육 수업에 등록했다. 하지만 한 반에 있는 다른 아이의 엄마가 보내준 활동 영상을 보고 충격에 빠지고 말았다. 모든 아이들이 신나게 뛰어노는 틈에서 우리 아이만 멍하니 바닥에 앉아 있는 것이다. '괜찮아지겠지'라고 되뇌지만, 영상을 보고 나니 걱정이 한 뼘만큼 더 쌓인다. 아이에게 이유를 물어보니 "선생님이 하라는 대로 하기 싫어. 그리고 선생님 이름도 모르잖아"라고 한다. 아이는 그만큼 선생님과 일 대 일의 친밀함을 기대했던 것이다. 그동안 아이에게도 스트레스가 되었겠구나 싶어 체육 수업은 바로 중단했다.

나는 포기하지 않고 기회가 될 때마다 아이의 어린이집 친구를 집에 데려와 놀게 했다. 어느 날 아이 친구의 엄마와 이야기를 나누다가 몇 가지 아이디어가 떠올랐다. 따로 놀지 않고 함께 놀 수 있는 놀이로 이끌어주면 좋겠다는 생각이 들었다. 숨바꼭질 놀이나 물건을 숨기고 서로 찾는 찾기 놀이, 손가락 인형을 통한 역할 놀이, 소꿉놀이 등이다.

그날은 아이가 좋아하는 장난감을 숨겨놓고 술래인 친구가 찾게 하는 찾기 놀이를 했다. 서로 번갈아 가며 찾기 놀이를 하다 보니 어느새 둘이서 옥신각신하기도 하고 한참을 웃기도 하며 잘 논다. 또 한 번은 놀다 보니 저녁때가 다되어 아이들의 목욕을 같이 시켰다. 욕조 안에서 아이들끼리 장난을 치며 신나게 노는 모습을 보니, 내가 그동안 괜한 걱정을 했다는 생각이 들었다. 아이가 자라면서 여러 아이들과 잘 어울려 노는 것도 좋겠지만 우리 아이와 깊이 공감하고 함께 성장할 수 있는 절친한 친구 한두 명이 있다면 그걸로도 충분하겠다는 마음이다. 지금 필요한 건 아이가 친구와 즐겁게 노는 놀이 경험일 것이다. 숨바꼭질, 찾기 놀이, 소꿉장난을 하며 친구와 함께 놀아서 기분 좋은 추억을 많이 쌓기를 바란다.

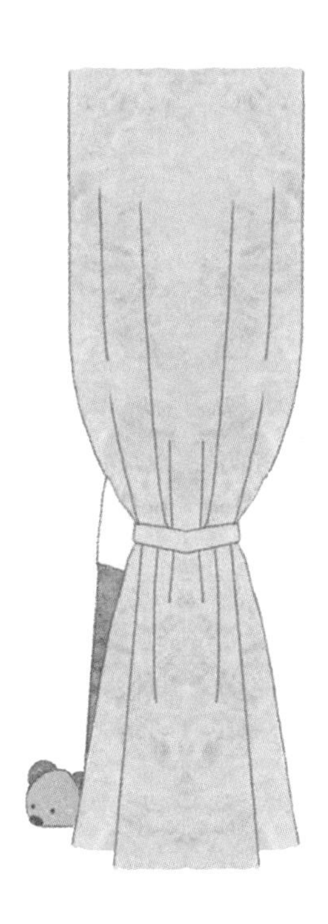

03 소망이네 가족의 축구 시합

이기는 것에 집착할 때

소망이네 가족은 축구를 참 좋아해요.

아빠, 엄마, 소망이는 저녁마다 공원에 가서 축구놀이를 한대요.

셋 중 두 사람은 축구선수가 되어요.

공을 움직이며 공격도 수비도 하는 선수도 되고,

골대를 지키는 골기퍼도 되고요.

그러면 나머지 한 사람은 응원선수가 되어요.

선수들이 힘내서 시합을 할 수 있도록 열정적으로 응원을 해주지요.

오늘은 아빠와 소망이가 축구선수가 되고, 엄마가 응원선수가 되었어요.

아빠 선수와 소망이 선수는 열심히 공을 뺏고 공을 차고 있네요.

엄마 선수는 오늘 소망이 선수를 응원해주기로 했어요.

소망이 선수는 엄마 선수의 응원 소리를 들으면 힘이 난대요.

엄마 선수의 응원 소리를 듣고 소망이 선수는 더 힘차게 슛!

소망이 선수가 골 2개를 넣었는데

아빠 선수는 골 3개를 넣었네요.

소망이는 져서 아쉬웠지만, 아빠를 축하해주었어요.

아빠 축하해요!

아빠는 허허허. 소망이도 잘 뛰었는데 무척 아쉽다고 격려해주었어요.

엄마 감사해요!

엄마는 하하하. 소망이가 골 2개 넣는 모습이 멋있었대요.

내일은 소망이가 응원선수가 되는 날이에요.

누구를 응원할까요? 벌써부터 기다려져요.

외동아이를 키우고 있지만, 난 아이에게 좀처럼 새 물건을 사주지 않는다. 아이보다 위로 여섯 살, 세 살 터울의 조카들이 있어서 옷이며 책, 장난감 등을 다 물려받기 때문이다. 나만큼 아이에게 새 물건을 사주지 않은 엄마도 드물겠다 싶다. 그래도 그나마 잘했다는 생각이 드는 건, 좀체 사주지 않는 버릇을 들이다 보니 아이도 사달라고 떼를 쓰지 않는다는 것이다. 한 번은 동네 마트에 들렀는데 아이가 장난감을 손에 들고 졸졸 쫓아온다. 평소에 그런 일이 없었으니 이례적이기도 하고, 들고 온 장난감을 보니 요긴할 것 같아 선뜻 사주었다. 아이가 들고 온 장난감은 집안에서 할 수 있는 미니 볼링 놀이 세트였다. 엄마 아빠가 놀아주지 못하는 날이 많고, 함께하는 시간엔 책을 읽거나 그림을 그리는 등 정적인 놀이가 많은 만큼 이런 기구를 활용해서 몸을 움직이며 놀아도 좋을 듯했다.

덕분에 한 주말 저녁에 가족끼리 모여서 간만에 몸을 부대끼며 신나는 시간을 보냈는데, 전혀 예상치 못한 데서 문제가 터지고 말았다. 미니 칠판에 점수를 기록했는데, 합산된 수를 보니 아이가 그만 지게 된 것이다. 물론 놀이를 하는 중에도 아이를 배려하는 마음으로 우리 부부가 일부러 못하는 척하긴 했지만 끝나고 나서 보니 그런 결과가 나왔다. 점수를 조작할 수도 없는 일이라 있는 대로 아빠 1등, 엄마 2등, 아이 꼴등을 발표했다. 그때까지만 해도 뭐 어쩌겠어 하는 생각이었는데, 자신이 꼴등이라는 말을 듣는 순간 아이는 울음을 터트리더니 뒤로 넘어가고 발악을 하며 분을 참지 못했다. 지금껏 아이와 승부를 가리는 놀이를 해본 적이 없는 우리 부부는 이토록 승부에 집착하는 아이의 반응에 몹시 당황했다. 재미있게 놀고 나서 이게 웬 날벼락이람. 한 번 더 하자고 해도 소용이 없고, 점수는 중요한 게 아니라는 말은 씨알도 먹히지 않는다. 한참 동안 분한 울음을 쏟아내고서야 흐느낌이 잦아들었다. "그렇게 이기고 싶었어? 근데 엄마도 아빠도 이길 수 있지"라는 말로 모두가 지친 밤을 급히 마무리하고 말았다. 그런데 그건 시작에 불과했다. 그 일이 있고 난 뒤, 아이는 작은 일에도 승부에 대한 욕심을 보였다. 축구공을 가지고 들판에서 뛰어놀 때는 물론이고, 하다못해 가위바위보를 한 번 해도 이겨야만 직성이 풀리는 듯 아이는 그때그때 규칙을 바꾸기까지 했다. 하물며 부모인 나조차도 우리 아이와 노는 게 하나도 재미없다고 느낄 정도였다.

외동아이라 그러는 건 아닌지 은근 걱정이 되었다. 이러다 친구들 사이에서도 어울리지 못하는 건 아닌가 염려스러울 정도였다. 불안한 마음에 아이 어린이집 선생님께도 여쭤보고 전문서적도 찾아봤다. 아이가 자라는 과정에서 얼마든 있을 수 있는 일이지 딱히 외둥이여서 그런 것은 아니라는 말에 안심했다. 이 문제의 답도 결국엔 모든 육아 문제의 답과 같았다. 느긋하게 생각하고 아이를 믿어주고 기다려주어야 한다는 것. 그래도 형제가 없으니 가족끼리 놀 때라도 아이의 타협심을 기를 수 있게 부모가 신경 쓸 부분이 없을까? 승부보다는 함께 놀이하는 것 자체가 더 중요하다는 것을 느끼게 할 수 있는 방법이 없을까?

고민 끝에 시도한 것이 바로 응원 놀이였다. 우리 가족 세 명이 공놀이를 하면 두 명은 공놀이를, 한 명은 남아서 응원을 하는 것이다. 엄마, 아빠가 시합하면 아이가 응원을 하고, 아빠와 아이가 시합하면 엄마가 응원을 한다. 응원을 할 때는 단순하게 '누구 이겨라' 정도가 아니라 거의 캐스터 수준으로 응원하는 선수의 매 순간 상황을 보며 격려를 해준다.

"아빠 선수, 아이 선수보다 먼저 공을 잡았군요. 속도가 빠르네요."

"아이 선수, 엄마 선수를 따돌리고 공을 찼네요. 슛을 날리네요! 슛슛!! 아쉽지만 잘 했어요!"

늘 엄마 편인 아이는 이렇게 응원한다.

"엄마 선수, 아빠 선수보다 골 백 개 더 많이 넣으세요."

아이는 엄마나 아빠 한쪽을 응원하면서 자연스럽게 이기고 지는 것을 함께 경험한다. 엄마, 아빠도 아이가 이기고 지는 것을 함께하며, 특히 노력하는 모습에 응원을 아끼지 않는다. 졌을 경우에도 잘 싸웠다고 격려하는 모습을 보여준다. 그러면 지더라도 최선을 다해 노력하는 모습이 더 멋있다는 걸 자연스럽게 알게 되지 않을까?

엊그제는 퇴근해서 집에 갔더니 아빠와 아이가 축구를 한다고 거실에서 공을 차고 있다. 아이는 여전히 말도 안 되는 규칙을 정해놓고는 아빠가 공격도, 수비도 제대로 못하게 방해를 하고 나선다. 하지만 아이는 아빠에게 응원 한마디를 덧붙인다.

"아빠 선수, 아, 아깝네요. 그래도 잘했어요!"

아이가 승부에 집착하지 않고 최선을 다하는 멋진 사람이 되리라 믿으며 오늘 밤도 느긋하게 그 모습을 지켜보려 한다.

04 마음에 호~해주세요

마음 상처 치유하기

아야, 너무 화가 나요.

형이 느림보라고 놀렸어요.

이런, 우리 아이 정말 화가 났겠구나.

형한테 느림보라고 놀리지 말라고 하자.

우리 아이 열심히 준비했으니 거북이 말고 토끼 스티커 붙여줄게.

아야, 속상해요.

짝꿍이 내 변신 로봇을 부서트렸어요.

이런, 우리 아이 정말 속상했겠구나.

하지만 짝꿍이 일부러 그런 건 아니야.

부서진 로봇은 엄마랑 다시 맞춰볼까?

그리고 우리 아이 속상했으니 엄마가 마음에 호~해줄게.

아야, 마음이 아파요.

엄마 아빠가 출장을 가서 난 할머니 댁에서 지내야 한대요.

우리 아이 엄마 아빠도 보고 싶고, 낯선 곳에서 지내기 힘들겠구나.

하지만 아이가 씩씩하게 잘 지내주면 엄마 아빠도 일을 잘 마치고 올 수 있을 거야.

엄마 아빠도 일을 빨리 마치고 더 빨리 오도록 노력할게.

크든 작든 아이 마음에 난 상처는 상처 크기에 비례하는 치유 과정이 필요하다. 큰 상처일수록 아픔이 그만큼 오래가는 반면 짧은 상처는 상대적으로 쉽게 아문다. 부모는 아이가 상처로 인해 비뚤어진 마음을 먹지 않고 상처를 토대로 더 단단하게 성장할 수 있도록 도와주어야 한다. 하지만 말처럼 하기가 쉽지 않은 게 사실이다. 아이의 상처가 외부 요인에서 기인하든 부모 자신 때문이든 아이가 왜 마음의 상처를 입었는지 잘 헤아리지 못할 때가 있다. 그런 아이에게 오히려 부모 뜻대로 따라오지 않는다고 겁을 주거나 다른 사람들 앞에서 아이를 나무랄 때도 있다. 부모가 만져주지 못한 치유되지 않은 유아기 상처는 평생 가기도 한다.

속이 상한 아이가 그 상황을 잘 이겨낼 수 있는 좋은 방법이 있어 소개한다. 치유하는 방법에도 순서가 있다고 하니 순서대로 따라해 봄직하다.

첫째, 상처 받은 아이 마음 읽어주기

아이가 왜 속상했는지 알아차리기만 해도 반은 성공한 것이다. 속상한 이유를 알고 속상했겠구나 하고 말해주면 아이의 마음이 열리고 상처를 치유할 준비를 하게 된다. 부모가 그 상황을 온전히 이해하지 못해도, 아이의 말을 반복해주는 것만으로도 아이는 위안을 얻는다.

둘째, 부모 마음 공유하기

아이가 받은 상처가 외부 요인일 경우에는 아이의 상황을 객관화하여 이야기해주고, 부모에게 받은 상처라면 부모의 마음을 알려준다. 이때 부모는 지금 아이의 마음을 보호해주고 싶어 한다는 느낌을 계속해서 전달해야 한다.

셋째, 아이 마음 치유하기

아이 마음은 간단한 행위나 대안을 주는 것으로 해결되는 경우가 많다. 이를테면 아이가 마음이 아팠으니 가슴에 밴드를 붙여주고 호~ 해준다든지, 가슴을 쓸어주고 머리를 쓰다듬어준다든지 하는 행위나 대신 다른 것을 해보자고 권유해보면 좋은 처방전이 될 수 있다.

본의는 아니었지만 우리 부부도 아이 마음에 큰 상처를 주었던 적이 있다. 아이가 세 살 때 아이를 남겨두고 한 달이 넘는 출장을 가게 되었다. 공교롭게도 남편의 출장까지 동일한 기간에 겹쳐 어쩔 수 없이 서둘러 아이를 지방에 있는 시댁으로 보내게 되었다. 그전에도 출장 등의 이유로 남편과 내가 번갈아 가며 일주일 정도씩 부재한 적은 있었지만, 한 달이라는 긴 시간 동안 더구나 엄마 아빠 둘 다 동시에 떨어

지는 건 처음 있는 일이었다. 아이가 낯선 환경에서 잘 적응할지 걱정됐지만, 어김없이 날짜는 다가왔고 큰 짐을 꾸려 아이를 시댁에 보낸 뒤 나는 출장길에 올랐다. 바쁜 출장 기간에 가끔 하는 영상통화 속 아이는 잘 지내는 듯 보였고, 억지로라도 그렇겠지 하며 내 마음을 안심시켰다. 겨우 짬을 내서 전화했건만 새침하게 엄마 전화를 피하는 모습도 그때는 무심히 넘길 수밖에 없었다.

긴 출장 후 집으로 돌아와 정상적인 생활 패턴을 찾아가고 있을 무렵이었다. 아이도 다시 적응하는 듯 보이던 어느 날, 아이가 잠깐 다니던 지방의 어린이집에서 보내준 수첩을 보다가 아이에게 물었다.

"우리 거기 계신 선생님께 잘 왔다고 인사 전화할까?"

아이는 대답 대신 한 달간 받았던 상처가 불현듯 떠오른 듯, 그간의 모든 설움을 한꺼번에 털어내듯 큰 소리로 울음을 쏟아냈다. 내 무릎에 얼굴을 파묻고는 한참을 그렇게 흐느꼈다. 깊은 설움이 배어 나오는 울음이었다. 할머니, 할아버지가 계시니 잘 적응할 거라고, 사실은 내 마음 편하자고 방관했던 순간들이 떠올라 아이에게 미안해졌다. 아이는 그 후로도 가끔씩 그렇게 나에게 와서 가만히 안겨 있다가 가곤 했다. 그때마다 난 세 가지 순서에 따라서 찬찬히 말해주었다. "엄마, 아빠랑 오래 떨어져서 낯선 곳에서 생활하느라 힘들었지? 새로운 어린이집에서 모르는 선생님과 친구들이랑 지내느라 불편했겠구나" 하고 가장 먼저 마음을 읽어주고, "네가 씩씩하게 잘 지내줘서 엄마, 아빠가 일을 잘 마치고 올 수 있었단다. 정말 고맙게 생각하고 있어"라며 엄마의 마음을 들려주었다. 마지막으로 "이제 엄마, 아빠가 출장 갈 때는 더 짧게 가고 서로 겹치지 않게 더 노력해볼게. 너 혼자 다른 곳에서 떨어져 지내지 않도록 말이야" 하고 가슴을 쓸어주며 안심을 시키는 말도 해주었다.

이제는 아이가 먼저 이야기한다.

"그때 내가 대구에서 씩씩하게 잘 있어서 엄마랑 아빠가 출장 잘 다녀온 거지?"

이렇게 말하는 아이를 보니 아이 상처가 단단하게 아물었다는 생각이 든다. 설령 나중에 엄마, 아빠가 집을 비우더라도 좀 더 잘 적응할 것이라는 믿음도 생긴다. 한 달의 공백이 준 상처는 석 달 정도의 치유 기간을 필요로 했다. 짧은 순간에 일어난 상처는 그만큼 더 쉽게 치유된다. 짧든 길든 이런 치유 과정을 거치는 습관을 들이면 아이가 자라서 세상의 큰 시련이 닥치고 그에 따른 상처를 받더라도 그걸 스스로 치유하며 견뎌낼 만한 기초가 될 것이다.

05 분노 게이지가 슉슉 올라가요

감정 조절하기

자동차 장난감을 식탁 위에 놓고

부웅부웅부우우웅-

밥을 먹다가 부릉부릉 부르르릉-

안 돼요, 안 돼.

밥을 먹다가 식탁에서 장난감 놀이를 하면

우리 엄마 분노 게이지가 슉슉 올라가요.

발끝에 있던 분노 게이지가 벌써 배꼽만큼 올라갔대요.

밥을 먹는 게 싫증이 나서

후다다다 다다다다-

식탁에서 내려와 놀이방으로 후다닥-

안 돼요, 안 돼.

밥을 먹다가 돌아다니면

우리 엄마 분노 게이지가 슉슉 올라가요.

배꼽에 있던 분노 게이지가 벌써 콧등만큼 올라갔대요.

밥을 다 먹을 때까지

얌얌얌얌-

장난감은 내려놓고 식탁에 가만히 앉아

맛있게 냠냠-

좋아요, 좋아.

우리 엄마 기쁨 게이지가 쑥쑥 올라가요.

머리 꼭대기에 있는 사랑 게이지만큼 쑥쑥 올라가요.

주말이면 종종 아이 손을 잡고 동네 어린이 도서관으로 향한다. 도서관 환경은 아이에게도 좋지만 나에게도 잔신경 쓸 일 없는 한나절 여유를 주니 이벤트 없는 주말 시간을 보내기에는 그야말로 최적의 장소다. 날 좋던 어느 일요일 오후에 도서관에 갔다가 문 앞에서 안타까운 광경을 목격했다. 네 살쯤 되어 보이는 아이가 뭐가 속상했는지 울면서 제 얼굴을 때리고 있다. 아이 아빠는 큰소리로 호통을 치더니 아이에게 호응하지 않고 멀찌감치 서 있기만 한다. 아이 스스로 얼굴을 때려서인지 울어서인지 시뻘건 얼굴을 한 아이의 잔상이 내 맘속에 꽤 오래 남았다.

아이가 공격적인 언어와 행동을 보일 때, 특히 부모와 아이 둘 다 감정의 골만 깊어지는 최악의 상황일 때 어떻게 지혜롭게 넘어갈 수 있을지에 대한 노하우를 이야기하고자 한다. 아이가 격한 말을 쓰고 행동하는 데는 반드시 그 원인이 있다. 부모는 아이의 행동을 교정하는 데 초점을 맞추지 말고 그에 앞서 원인을 파악하고 부모 스스로 화를 조절하는 데 먼저 신경 써야 할 것이다. 아이의 마음을 헤아리고 부모의 화를 누르고 나면 아이에게 심한 말과 행동을 대신할 대안을 주는 것도 가능해진다. 어떤 상황에서든 부모인 내가 먼저 좋은 본을 보여야 한다. 아이들은 모방 심리가 강하기 때문에 부모가 차분하게 감정 조절을 하는 모습을 보며 차츰 감정을 조절해나가는 방법을 배울 수 있기 때문이다.

고집이 센 우리 아이는 자기가 하려던 것을 못하게 되거나 조금이라도 무안한 상황에 놓였을 때 과격한 말을 쏟아낸다. '엄마 미워!'는 기본이고, '너'나 '똥'이라고 소리를 지르거나 (어린이집 친구들끼리 쓰는 말 같다), '일주일 굶은 사자 일곱 마리가 있는 사자 굴에 넣어버리고 절대 안 꺼내줄 거야!'(어린이 성경에서 본 다니엘서를 응용한 것 같다)라는 말까지. 아이는 제 생각주머니에서 최대한 자극적이고 공격적인 표현을 꺼내어 뱉는다. 내 마음에 여유가 없을 때는 그마저도 받아주지 못하고 '그만해!'라고 제압해버리기도 하지만 대부분은 다음과 같이 해결한다.

부모가 우선 감정 조절을 하기 위해 화내기 전까지의 단계를 몸으로 설명해주는 '분노 게이지' 수법을 사용한다. 현재 '분노 게이지'는 발끝에서 무릎까지 올라왔다고, 조금 있으면 배까지 올라올 것이라고 상태를 알려주는 것이다. 입까지 올라가면 엄마는 아이의 행동을 제지할 것이고, 머리끝까지 올라가면 혼을 낼 것임을 미리 경고한다. 이때 평정심을 잃지 않고 침착한 어조로 말하면 상태를 더욱 객관화할 수 있다. 또한 분노 게이지가 입이나 머리끝까지 올라와서 아이의 행동을 제지하더라도 공정하게 느껴진다. 단계마다 아이의 흥분한 행동과 감정을 가라앉히는 데도 효과적이다.

분노 게이지 수법은 내가 꽤 자주 사용하던 방법인데, 어느 날 생각지도 못한 상황을 마주했다. 아이와 밥을 먹다 화가 잔뜩 오르는 상황에서 분노 게이지를 표현하던 중 아이가 느닷없이 물었다.

"엄마, 분노 게이지가 머리까지 올라가면 사랑 게이지는 얼만큼이야?"

아이는 엄마가 화가 나면 엄마의 사랑이 줄어들까 두려운 모양이었다. 나는 조금 툴툴대는 톤으로 대답했다.

"사랑 게이지는 항상 머리 꼭대기만큼이야. 그건 안 변해. 하지만 엄마의 기쁨 게이지는 발바닥까지 내려갈 거야."

안심이 된 건지, 이해가 된 건지 아이는 화를 낼 폼새를 잡는 나에게 애교스럽게 파고들며 이렇게 말한다.

“엄마, 나 할 말이 있어.”

“뭔데.”

“엄마, 내 사랑 게이지도 머리 꼭대기만큼이야. 엄마, 사랑해.”

아이는 내 분노 게이지 수법보다 더 강력한 애교 공세를 퍼붓고 만다. 이러니 어찌 사랑하지 않을 수 있겠는가. 자식 이기는 부모는 없다.

06 오늘은 어린이집 가는 날

어린이집 등원하기

오늘은 월요일, 어린이집에 가는 날이에요.

나는 어린이집에 가기 싫어요.

엄마랑 아빠랑 놀고 싶어요.

왜 어린이집에 가야 해요?

집에 있는 게 더 좋은데요.

엄마는 나에게 내가 제일 좋아하는 옷을 고르래요.

초록색 줄무늬 티셔츠가 좋을까요?

분홍색 주머니 티셔츠가 좋을까요?

나는 분홍색 주머니 티셔츠를 골랐어요.

좋아하는 티셔츠를 입으니 기분이 아주 조금 좋아졌어요.

엄마는 어린이집 가는 길에

내가 제일 좋아하는 하얀색 젤리를 주신대요.

랄랄라 랄랄라 엄마 손 잡고 가면서

하얀색 젤리를 먹으니 기분이 조금 더 좋아졌어요.

엄마는 어제 선생님이 수업할 때

내가 얌전히 앉아 있었다고 내가 의젓하대요.

오늘도 좀 더 의젓해질 거라고 하니 나는 조금 으쓱해졌어요.

어린이집 계단에서 나는 엄마랑 달리기 시합을 했어요.

준비 땅!

나는 엄마보다 더 빨리 어린이집까지 달려갔어요.

우리 엄마는 내가 너무 빨라서 잡을 수가 없대요.

하하, 기분이 참 좋아졌어요.

어린이집 가는 길이 정말 재미있어요.

아이가 생후 7개월쯤 됐을 때 슬슬 복직 준비를 하기 위해 동네 어린이집에 대한 정보를 모으기 시작했다. 동네 엄마들을 통해 입소문이 난 곳도 알아보고, 집주변에 있는 어린이집은 직접 방문상담을 하며 시설을 꼼꼼히 살폈다. 그런데 몇 군데 상담을 다녀보니 안심보다는 오히려 걱정이 들었다. 대부분의 어린이집은 아이를 나이별로 묶어 한 방에서 돌본다. 시설 수준이나 선생님의 보육 철학, 집에서의 거리 등 모든 걸 차치하더라도 하루 종일 한곳에서만 지낼 아이가 답답해할 것 같다는 생각이 들었다.

시골에서 자란 나는 아이도 웬만하면 흙을 많이 밟고 자연을 가까이 접하게 하고 싶었다. 게다가 외둥이인지라 또래뿐만 아니라 위, 아래와도 어울려 지내며 사회성을 키워내기를 바랐다. 무엇보다 활동 반경이 넓었으면 하는 바람이 있었다.

그러던 어느 날 동네 언니와 얘기를 나누다가 우리 동네에 발도르프 교육을 하는 어린이집이 있다는 것을 알게 되었다. 신체와 정신 성장에 교육의 초점을 맞추고 아이들 개개인의 개성과 자율성을 강조하며 자연 환경에서 뛰놀게 하는 점 등이 내가 가진 교육 철학과도 딱 맞아떨어졌다.

그 어린이집을 처음 방문한 날, 한눈에 쏙 반해버렸다. 아파트 1층의 한 채를 사용하고 있었는데, 베란다가 널찍한 뒤뜰로 연결되어

있어서 아이들이 활동하는 오전 시간에는 그 뒤뜰이 온전히 아이들 차지였다. 비가 오나 눈이 오나 매일 밖에 나가니 자연스럽게 계절의 변화를 피부로 받아들일 수 있었다. 또한 나이 구분 없이 어울려 지내고, 어떤 방이든 아이 마음대로 돌아다닐 수 있었다. 각 방은 자연물로 만든 장난감과 장식들로 채워져 어느 것 하나 인공적인 색은 찾아볼 수 없었다. 어른인 내 마음까지 포근하게 해주는 이곳에 아이를 맡길 수 있음에 감사했다.

하지만 아무리 좋은 곳이어도 아이를 등원시킬 때마다 울고불고 난리 치는 아이를 떼어내는 것은 생각지도 못한 난관이었다. 어린이집 선생님들이 하라는 대로 이별은 무조건 짧게 하느라 발버둥 치는 아이를 억지로 선생님 품에 맡긴 채 휘리릭 사라져 문밖으로 나오면 오열하는 아이 울음소리가 한참을 새어 나왔다. 그 소리를 듣고 서 있노라면 온통 마음이 복잡했다.

엄마와 헤어지는 것 자체가 두려운 한 살배기 아이 때도 그랬지만 네다섯 살이 되어서도 마찬가지다. 내가 등원시키는 날이 많지 않아서인지, 가끔 나와 등원하는 날이면 아이는 어린이집에 가기 싫다고 한참 떼를 쓴다. 엄마와 한없이 놀고 싶은 아이를 어떻게 기분 좋게 보냈는지 방법을 공개한다.

1. 아이가 좋아하는 옷 입히기

작전은 어린이집에 가기 전, 집에서부터 시작된다. 어린이집에 가는 게 신나는 일이라는 걸 상기시키기 위해 아이가 가장 좋아하는 옷을 고르게 한다. 모자와 목걸이 같은 액세서리도 함께 챙긴다. 마치 특별한 날, 특별한 곳에 가는 것처럼 잔뜩 호들갑을 떨며 어린이집에 가고 싶은 분위기를 조성한다.

2. 아이가 좋아하는 간식 주기

아이가 좋아하는 사탕이나 젤리를 하나 챙겨서 집을 나선다. 어린이집에 가는 길에만 먹을 수 있는 간식이다. 만화영화 〈스머프〉에 나오는 주제가 '랄랄라 랄랄라' 같은 신나는 노래를 부르며 아이 손을 잡고 폴짝 뛰어가면 한층 더 기분이 좋아진다.

3. 어린이집에서 있을 좋은 일 얘기해주기

가는 내내 언젠가 선생님이 일지에 적어주셨던 칭찬을 직접 들려준다. 선생님이 말씀하실 때 의젓하게 잘 앉아 있었던 일, 친구와 싸웠을 때 용감하게 화해한 일 등. 그리고 그날 있을 수업에 대한 기대감 섞인 말들을 들려준다.

4. 어린이집까지 누가 먼저 가나 시합하기

아이의 기분이 슬슬 좋아지는 것이 느껴진다면 마지막 쐐기 박기에 돌입한다. 어린이집 가는 길에 계단이 있는데, 난 계단을 적극 활용했다. 계단 앞에서 '준비 땅!' 하면 누가 먼저 어린이집에 도착하나 시합을 하는 것이다. 후다다닥 먼저 계단을 오른 아이는 기분이 최고로 좋아져서는 바로 어린이집으로 뛰어 들어간다. 나는 계단을 오르는 것이 힘겨운 듯 겨우 올라서서는 아이를 꼬옥 안아주고 헤어진다.

재빨리 이별식을 하고, 돌아서서는 또 초광속 달리기로 출근하지만 기분 좋게 웃으며 들어간 아이를 떠올리며 편한 마음으로 생각한다.

'네가 속한 곳에서 오늘 하루도 즐겁게 보내렴, 엄마도 그럴게.'

07 내 자리에서 짝짝짝

인사 습관 기르기

보라색 하트 스티커는 아빠 자리

파란색 하트 스티커는 엄마 자리

노란색 하트 스티커는 누나 자리

분홍색 하트 스티커는 형아 자리

초록색 하트 스티커는 바로 내 자리

모두 모두 제 자리에 서서 인사해요.

아빠가 출근하시네요.

모두 제자리, 모두 모두 제자리에~

배꼽에 손 모은 배꼽 인사

사랑해요 팔을 번쩍 하트 인사

입으로 쪽 뽀뽀 인사

오늘도 힘내세요 응원 인사

엄마가 퇴근하시네요.

모두 제자리, 모두모두 제자리에~

참새 박수 짹짹짹짹

물개 박수 짝짝짝짝

사자 박수 쩍쩍쩍쩍

오늘도 반가워요 환영 인사

자연의 변화를 살갗으로 느낄 수 있는 공원이 근처에 있고, 책을 가까이 할 수 있는 작은 마을 도서관도 여럿 있고, 여기저기 아이들이 뛰노는 모습이 보이고, 무엇보다 따스운 말을 건네는 마음 좋은 사람들이 주변에 많다. 내가 우리 동네를 사랑하는 이유다. 임신 후 이사할 곳을 무작정 찾아다니다 이 역에 한 번만 내려 보자 하는 마음에 내렸는데, 이 동네만이 주는 여유롭고 푸근한 정서에 반해 그날 바로 계약을 하고 이사를 왔다. 정착한 지 벌써 7년이나 되다 보니 이웃사촌도 꽤 생겼다. 아이들은 뛰어야 쑥쑥 크는 거라며 집에서 맘대로 뛰어다니라고 층간 소음을 장려(?)하는 천사 같은 아랫집 사람들, 늘 우리 아이를 놀리듯 인사하시지만 아이에게 탁구공이나 사탕 같은 선물을 하나씩 챙겨주시는 성당 지킴이 아저씨, 동네 아이들 이름을 모두 기억하고 한 명 한 명 안부를 물어가며 반겨주시는 공원 할아버지를 만나면 우리 동네가 더 정겹게 느껴진다.

그런데 이렇게 좋은 동네 분들을 길에서 마주치면 가끔 민망할 때가 있다. 아이가 인사를 하지 않고 슬그머니 고개를 밑으로 떨구거나 내 뒤로 숨을 때다. 아이가 수줍어 그렇겠거니 하고 이해해주시는 분들도 있는 반면 그 자리에서 섭섭함을 드러내시는 분들도 계신다. 억지로 인사를 시키는 것은 아이에게도 좋지 않을 것 같아서 나도 딱히 별말 하지 않고 넘어간다. 아이 성격상 관계가 익숙해지면 먼저 나서서 인사하고 반갑다는 표현도 잘하는 것을 잘 알고 있기 때문이다. 그런데 가만 보니 밖에서 낯선 어른에게뿐 아니라 부모가 집에 돌아왔을 때도 아이는 놀이나 책에 빠져 인사를 하지 않거나 인사를 하더라도 제가 있던 자리에서 건성으로 하는 모습을 종종 보인다. 아이의 성격 탓만 할 수는 없는 교육 문제라는 생각이 들었다. 집에서 인사하는 습관을 잘 들여야 밖에서도 더 잘하겠다는 생각과 함께.

우연한 기회에 회사 친구와 대화를 나누다가 그의 가족의 인사법에 관한 얘기를 듣게 되었다. 무뚝뚝하던 할아버지의 엄격한 교육 방식을 답습하지 않고 화기애애한 가족 문화를 만들고 싶었던 그의 아버지는 다양한 방법을 도입하셨다고 한다. 그중 하나가 '즐겁게 인사하기' 프로젝트였다. 그 가정은 '만나면 반가워하고, 헤어지면 아쉬워하는' 기본에 충실한 인사를 재미난 의식처럼 치르고 있었는데, 이렇게 인사에 신경을 쓰는 가족의 이야기를 처음 들어본 나는 연신 무릎을 탁탁 칠 수밖에 없었다. 아이에게 인사 예절을 따로 가르칠 필요도 없이 온 가족이 함께하는 매일의 즐거운 리추얼로 만든다면 아이도 자연스럽게 인사 습관을 기를 수 있을 것이다. 또한 집에 들어가고 나갈 때 인사만 잘해도 집안 분위기를 확 바꿀 수 있을 거란 생각이 들어서 이야기를 들은 그날 당장 우리 가족도 시행에 들어갔다. 구체적인 방법은 다음과 같다.

먼저 인사 자리를 정한다. 즉 현관에 가족 구성원의 자리를 하나씩 정해 스티커를 붙여놓는다. 자기 자리를 의미하는 스티커 하나만 붙여놓아도 그 자리에 서고 싶은 심리가 생겨난다. 우리 아이는 토끼 스티커를, 나는 오리 스티커를, 남편은 곰 스티커를 선택해서 현관에서 자기가 서고 싶은 자리에 붙였다. 앞으로 인사할 때는 각자의 자리에 서서 하면 된다. 가끔 아이가 딴짓을 하느라 인사를 하지 않을 때 내가 그 자리를 차지하겠다고 하면 아이는 냉큼 달려와 제자리에 선다.

그다음은 사람이 나갈 때 인사 의식을 정한다. 자리에 서서 하는 공손한 배꼽 인사, 사랑한다는 마음을 담아 날리는 하트 손인사, 손으로 뽀뽀를 날리는 뽀뽀 인사까지 인사 3종 세트를 한 뒤 그날의 응원 메시지를 전한다. 얼굴을 보며 인사 3종 세트를 주고받는 것만으로도 기분이 좋아지는데, 하루를 응원하는 응원 메시지까지 함께 받으면 마음속에 사랑이 꽉꽉 채워져 뭐든 할 수 있을 것만 같다.

마지막으로 사람이 들어올 때 하는 인사 의식이다. 밖에서 누군가 들어오는 기척이 있으면 재빨리 각자의 자리로 가서 선 다음 격렬한 박수로 환영 인사를 한다. 짧은 외출이든 긴 외출이든, 가족이든 손님이든 상관없이 들어오는 사람에게는 무조건 박수 세례를 퍼붓는다. 박수 대신 신나는 춤을 춰도 좋다.

지난 2년의 경험상, 인사 의식이 주는 순기능은 한 손의 손가락을 다 꼽을 만큼 많은 것 같다. 특히 하루 종일 쌓인 피로가 발끝까지 내려와 무거운 걸음을 질질 끌며 퇴근한 날 함박웃음을 한 아이의 박수 세례를 받으면 봄눈 녹듯 스트레스가 사라지는 것은 물론 회사 일이 생각나지 않는 특수약을 먹은 것 같은 기분까지 든다. 행복해서 웃는 게 아니라 웃어서 행복해진다는 말이 있다. 가족이라고 해도 항상 화목하게 산다는 것은 사람 사는 이치에서 보면 거의 불가능한 일일 수 있으나, 이렇게 얼굴 보면 반갑게 맞아주고 또 헤어지면 응원해주는 게 화목한 가정의 시작이라고 자신한다. 아이도 집에서 길든 좋은 습관으로 인해 나가서도 반갑게 인사 잘하는 아이로 성장할 거라 믿는다.

08 우리 가족 발표회

수줍은 아이 발표력 기르기

우리 가족 모두 동물 흉내를 내보아요.

아빠는 으하하하함~ 하품하는 나무늘보

엄마는 냐옹냐옹~ 지붕 타는 고양이

누나는 으르렁으르렁~ 욕심 많은 사자

나는 삐약삐약~ 산책하는 병아리

우리 가족 모두 별명을 지어보아요.

아빠는 배가 불룩 배뚱뚱이

엄마는 뾰족구두 멋쟁이

누나는 수박 혼자 다 먹는 수박 귀신

나는 애교 만점 사랑동이

우리 가족 모두 노래를 따라 해보아요.

흔들흔들 무당벌레가 그네를 타네

팔랑팔랑 아기 나비가 그네를 타네

부웅부웅 아기 꿀벌이 그네를 타네

텔레비전에 내가 나오면 좋겠다는 노래가 무색할 정도로 남녀노소 할 것 없이 자신의 영상을 피력하는 시대에 살고 있다. 어느 날 아이는 어디선가 본 1인 미디어 영상을 흉내 내고 싶었던지 '빨간 것(유튜브)에 나오는 것처럼' 자신의 비디오를 찍어달라고 한다. 내친김에 큰 박스를 가져다 앞뒤를 뚫어 텔레비전 브라운관인 양 아이 앞에 놓아주고 영상에서 봤던 것처럼 인사를 해보라고 했다. 막상 멍석을 깔아주니 아이는 표정이 굳어져 비디오를 찍지 말라며 손사래를 치고 만다. 부끄럽다는 말은 아이가 가장 빈번하게 사용하는 단어 중 하나다. 어린이집에서 배운 노래를 한참 열심히 부르기에 그 모습이 예뻐 다시 한 번 해보라고 하면 부끄럽다며 그만둔다. 한 번은 율동과 함께 노래하는 모습이 너무 예뻐 나도 슬며시 따라했는데, 아빠가 보고 들을까 부끄럽다며 다른 방으로 가서 방문을 잠그고 하자고 한다. 의식하지 않고 있으면 활달하게 잘 놀다가도 누군가를 의식하면 아이는 꿀 먹은 벙어리가 되고 만다. 어린이집에서 보내주는 단체 사진에선 구석으로 빠져 있는 우리 아이를 종종 발견하곤 한다.

어느 날 저녁, 남편을 만나 함께 귀가하며 그날 회사에서 있었던 일들을 얘기했다. 같은 회사 선후배로 만난 나와 남편은 직업상 발표할 일이 꽤 많은데, 둘 다 발표 공포증이 있다. 그러고 보면 수줍은 아이의 기질은 엄마 아빠 모두에게서 고스란히 물려받은 게 틀림없다. 그날도 서로 겪은 발표 스트레스 이야기를 한참 나누다가 훗날 우리 아이가 조금이라도 이런 스트레스를 덜 받도록 부모로서 도움을 주자는 결론에 이르렀다.

선천적인 것은 어쩔 수 없겠지만 노력하면 나아지지 않겠는가.

가족 발표회 시간을 만들어 보기로 했다. 가족끼리 하는 발표 놀이로 청중 앞에서 말하는 형식을 갖추되 재미있는 주제를 붙이면 좋을 것 같았다. 남편과 나는 주제에 대한 아이디어를 모았다. 별명 지어주기, 동물 흉내 내고 맞추기, 노래하기, 춤추기, 하루 중 가장 재미있었던 일 말하기 등의 아이디어가 나왔다. 거실의 소파를 무대로 하여 한 명씩

돌아가며 발표하는 주인공이 되고, 나머지 사람들은 바닥에 앉아서 들어주는 청중이 되기로 했다. 간만에 세 가족이 다 모이는 저녁이니 당장에 실행에 옮겼다.

우리는 먼저 동물 흉내 내고 맞추기로 몸을 풀었다. 장난기 많은 아빠는 느릿느릿 나무늘보나 엎드린 자세로 발을 높이 들며 전갈 흉내를 낸다. 나와 아이는 누가 봐도 쉬운 코끼리, 강아지, 고양이 시늉을 했다. 몸을 풀고 나니 소파 무대에 오르는 데 신이 난 아이는 그다음 순서인 별명 지어주기에 열성적으로 참여한다. 무대에 오른 사람에게 청중이 별명을 하나씩 지어주고 마음에 드는 별명을 지어준 사람에게 뽀뽀를 해주는 룰을 정했다. 아이는 아빠의 별명은 '잠꾸러기', 엄마의 별명은 '멋쟁이 아들 하나 있는 엄마'로 지어주었다. 우리 둘 다 마음에 쏙 든다며 아이가 지어준 별명을 채택했다.

그날의 하이라이트는 자신의 하루를 소개하는 시간이었다. 아빠는 종일 이어진 회의에 대해, 나는 회사에 가는 교통 수단에 대해 얘기했다. 아이 차례가 되었는데, 아이는 말을 빙글빙글 돌리며 장난만 친다. 똥을 먹었다는 둥 방구가 많이 나왔다는 둥 똥방구 얘기만 잔뜩 늘어놓는다. 우리가 구체적으로 어린이집에는 잘 갔는지, 점심으로 무얼 먹었는지, 친구들과 무얼 하고 놀았는지 따위의 질문을 던지자 아이는 아침에 엄마가 '빨리빨리'라고 말하고는 먼저 회사를 가버린 게 싫었다고 말한다. 또 어린이집에서는 선생님이 글씨 쓰는 것을 따라해보았다고, 간식이 맛있어서 두 번 먹었다는 것도 말한다. 평소에 아이의 생각을 들을 기회가 별로 없었는데, 아침에 엄마가 재촉하는 게 저녁까지 남아 있을 정도로 싫었다는 말을 들으니 반성하게 되고, 어린이집 생활에 대해 말하지 않는 아이가 조목조목 얘기해주니 또한 감사했다.

아이 발표력을 기르는 목적으로 시작했으나 가족끼리 허심탄회하게 얘기를 나누는 좋은 계기가 된 것 같다. 앞으로도 가족 발표회를 통해 더 많은 주제로 더 깊은 얘기를 많이 나눌 수 있기를 기대해본다. 무엇보다 어릴 때부터 '발표'라는 것을 딱딱하게 여기지 않고 자기 생각을 자유롭게 표현하고 편하게 나누는 것으로 받아들이기를, 아직도 발표가 불편한 엄마는 두 손 모아 바라 본다.

09 캠핑을 갔어요

양보하기

아빠 토끼가 아기 토끼를 불렀어요.

울긋불긋 산에 캠핑하러 가자.

밥도 먹고 하룻밤 자고 오자.

장난감도 가지고 가고 간식도 챙겨 가자.

신이 난 아기 토끼는 깡총 깡총 깡총.

가장 아끼는 구슬 장난감이랑,

제일 좋아하는 하얀색 젤리를

소풍 가방에 넣고 깡총 깡총 깡총.

우리보다 먼저 산에 온 두더지 가족.

아빠 토끼는 아기 두더지 친구한테 구슬 장난감이랑

하얀색 젤리를 나누어주래요.

시무룩해진 아기 토끼는 코를 씰룩쌜룩.

그런데 아기 두더지 친구가 먼저 와서는

아기 토끼야, 우리 같이 놀자.

자작나무 피리도 나눠줄게.

뭉게뭉게 솜사탕도 나눠줄게.

아기 토끼랑 아기 두더지랑

피릴릴리 함께 피리를 부니 고운 선율이 되어요.

폭신폭신 솜사탕도 오순도순 나누어 먹으니 더 달콤해요.

아이를 키우는 직장 동료끼리 모이면 자연스레 육아가 공통 화제가 된다. 대부분은 각자가 가진 육아의 고충에 대해 털어놓는데, 그중 한 아빠는 늘 같은 고민을 나누곤 했다. 바로 아이의 소유욕이 너무 강하다는 것. 장난감이나 먹을 것에 대한 소유욕이 심한 이 아이는 어린이집에서 핼러윈 파티를 한다고 사탕을 가져오라고 했을 때도 다른 친구들과 나눠 먹는 게 싫다고 기어코 엄마가 준비해놓은 사탕을 가방에서 빼고 빈손으로 등원을 했다고 한다.

한 번은 아빠와 모래놀이터에 갔는데, 모래놀이 도구를 챙기지 않은 채로였다. 다른 아이가 도구를 사용해 놀고 있었는데, 고맙게도 이 아이에게 도구 하나를 빌려준 덕에 같이 놀았다고 한다. 하지만 그 아이는 곧 집에 가야 한다며 자신의 도구를 챙겨 집으로 가버렸고, 아이는 같은 도구를 사달라고 보챘다. 하는 수없이 이 아빠는 근처 문구점으로 달려가 같은 도구를 사주었다. 그런데 아이는 도구를 잠시 펼쳐 놓더니 다시 챙겨 집에 가겠다고 했다. 이유인즉슨, 옆에 있던 또 다른 아이에게 자신의 장난감을 나눠주고 싶지 않았던 것. 이 아빠는 아이가 아직 네 살이니 그럴 수 있겠거니 하면서도 한편으론 내심 걱정이 되는 모양이다.

아이의 사연을 들은 동료들의 반응은 두 갈래로 나뉘었다. 아이의 소유욕은 본연의 성격으로 어쩔 수 없다는 파와, 나누고 양보하는 일도 학습되는 것이니 아이에게 나눔의 기쁨을 경험하게 해야 한다는 파로 말이다. 나는 후자였다. 선천적으로 소유욕이 강한 성격도 있고, 일반적으로도 발달 과정에서 소유에 집착하는 시기를 거치게 마련이지만 나누는 것을 자주 경험하게 하면 아이도 바뀔 것이라는 게 내 생각이다. 그리하여 급기야는 그 아빠에게 내가 자주 사용했던 방법을 조언하기에 이르렀다. 우리 아이는 비교적 주위 어른들이나 친구들에게 무엇이든 잘 나눠주는 편이다. 그게 아이의 본래 성격인지는 모르겠지만 어릴 때부터 길러준 습관의 힘도 크다고 믿는다.

기본은 나누는 연습을 자주 해보는 것이다. 아이들이 있는 놀이터나 모임에 갈 때면 다른 아이들에게 줄 간식을 넉넉하게 준비하여 아이가 직접 나눠주게 한다. 사탕 하나라도 아이가 주체적으로 나눠주다 보면 역할에서 오는 긍정적인 감정을 맛볼 수 있다. 회사 동료 아이의 경우, 아이가 좋아하는 사탕이 아무리 많아도 친구들에게 나눠주고 싶지 않은 마음에 어린이집에 가져가지 않은 선례가 있다. 아이가 조금 덜 좋아하거나 관심 없는 간식거리를 함께 준비해서 좋아하는 간식은 아이 차지로, 덜 좋아하는 간식은 나누는 용도로 사용하면 좋을 것이다. 핵심은 나눠주는 걸 경험해보고, 거기서 긍정적인 감정을 받게 하는 것이니 말이다.

나누는 즐거움뿐만 아니라 나눔을 받았을 때의 기쁨도 누리게 한다. 당연한 이치겠지만 소유욕이 강한 아이에게 나누라고만 강요하면 반감이 생길 것이다. 여러 가족이

만날 때 부모님들이 간식을 나누어 챙겨와 아이들끼리 제 간식을 나누고 받게 하면 서로에게 도움이 된다.

마지막으로 아이가 무언가를 나눠주었을 때 부모는 과장해서 크게 반응해준다. 과장된 몸짓과 높은 톤의 목소리로 기뻐하고 아이의 눈높이에 맞춰 무릎을 대고 앉아 아이의 눈을 보며 말해준다. 네가 나눠준 거라 특별히 더 맛있고, 더 좋고, 더 감사하다고 말이다. 아이에게 양보나 공유의 미덕을 가르치려고 일부러 그런 반응을 한다기보다 실제로 그 순간에 드는 느낌을 온전히 표현하는 것이다. 내가 그럴 때마다 우리 아이는 우쭐대며 매우 흡족한 웃음을 짓는다. 자신의 작은 나눔이 다른 사람들과 자신에게 큰 기쁨이 되어 돌아오는 것을 조금씩 체득하지 않았을까 한다.

얼마 전 그 아빠와 회사 엘리베이터 앞에서 마주쳤다. 그의 딸도 외동이고, 주중에는 하원 후 아이의 외할머니가 돌봐주시는지라 다른 친구들과 교류할 시간이 많지 않다고 했다. 그런데, 얼마 전부터 시작한 캠핑에서 드디어 기회가 왔다. 초보 캠퍼라 다른 가족과 어울려 캠핑을 갔는데, 그때 위의 세 가지를 모두 실천할 수 있었다고 한다. 가기 전부터 아이에게 간식과 장난감을 서로 나눌 것을 당부하고, 아이가 별로 좋아하지 않는 장난감과 평소 즐겨 먹지 않는 간식도 챙겨갔다고 한다. 제한된 공간에 아이들을 풀어놓으니 그 아이도 떼를 쓰거나 거부감 없이 제 것을 순순히 나누어주었다고 한다. 덜 좋아하는 장난감과 간식이긴 했지만 말이다. 덕분에 엄마, 아빠는 물론 다른 가족에게까지 폭풍 칭찬을 들었다고 한다.

좋은 시작이다. 아이가 성장하면서 나눌 줄 아는 예쁜 마음도 더욱 커가길 바라 본다.

10 신호등 놀이

약속 지키기

빨간불 깜빡

초록불 깜빡

빨간 셀로판지로 빨간불을 만들고

초록 셀로판지로 초록불을 만들어요.

빨간불엔 멈추고

초록불엔 걸어가기로

약속해요.

가위바위보!

이긴 사람이 건너고

진 사람이 술래 하기로

약속해요.

가위바위보!

다정이랑 승연이랑 나랑 가위를 내고

연우는 보를 내었어요.

연우가 술래~

초록불에 길을 다 건너면

초록색 하트 스티커를 받기로

약속해요.

하지만 난 빨간불에 움직여서

초록색 하트 스티커를 못 받았죠.

그런데 우리 모두 약속을 잘 지켰다고

엄마는 초록색 사탕을 나눠주셨어요.

냠냠냠 맛있는 신호등 놀이

우리 또 하기로

약속해요.

작년은 가족 모두가 돌아가면서 아팠던 해로 기억될 듯하다. 시어머님은 팔이 부러지셨고, 시아버님과 남편은 목디스크로, 나는 식도염과 위염으로 고생했다. 여기저기 아픈 식구들을 보니 아이도 어지간히 걱정되는 모양이다. 나중에 어른이 되면 병을 고치는 의사가 되어 할머니, 할아버지, 엄마, 아빠를 다 고쳐주겠다고 꼭꼭 약속하고 다닌다. 아이의 예쁜 마음이 담긴 말만으로도 낫는 듯한 기분이 든다.

아이가 지금 한 약속을 커서도 기억할지는 모르겠다. 나는 아이가 무엇이 되든, 어떤 일을 하든 약속을 중요하게 생각하고 또 잘 지키는 아이가 되기를 바란다. 무엇보다 자신과의 약속을 잘 지켜내며 내면이 튼튼한 아이로 자라기를 희망한다. 이제 갓 여섯 살이 된 아이는 아직 약속의 무게와 중요성을 크게 인지하지 못하는 것 같지만 우리 부부는 약속에 대한 올바른 자세를 길러주기 위해 꽤 열심히 교육해왔다. 가장 큰 교육은 무엇보다 부모가 모범을 보이는 것일 테다. 아이와 흔히 할 수 있는 약속, 즉 어디를 가겠다거나 무얼 해주겠다고 약속한 것은 반드시 지키려고 노력한다. 한 번은 야외에 놀러 가서 마카롱 가게를 지나다가 딸기 마카롱을 사주기로 약속했다. 그런데 식당에서 밥을 먹고 다른 방향으로 나오는 바람에 마카롱 집을 지나치고 말았다. 밤이 되어 집으로 가기 전 마카롱이 생각난 아빠는 약속을 지키기 위해 한참을 돌아 그 마카롱 가게 앞으로 갔다. 하지만 가게 문은 이미 닫힌 후였다. 늦은 시간임에도 문을 연 빵집과 커피숍을 찾아다니다 겨우 딸기 마카롱을 구했다. 물론 다른 날 사줄 수도 있고, 딸기 마카롱을 대신할 다른 간식을 사줄 수도 있었다. 하지만 약속을 지키기 위해 부모가 노력하는 모습을 지켜보면서 아이가 약속의 중요성에 대해 자연스럽게 깨닫지 않을까 한다.

이런 노력에도 아이는 가끔 약속을 지키지 않아 내 속을 썩이곤 한다. 유튜브 영상으로 찾아보는 애니메이션 만화는 "딱, 한 편만 더!"를 외치며 원래 약속한 세 편의 몇 곱절까지도 더 본다. 만화에 빨려들어갈 듯이 눈도 깜빡이지 않고 정신줄을 놓고 있는 아이를 보면 이제 긴 전쟁의 시작인가 하는 생각이 들기도 한다. 집 앞 공원에 가서 놀 때도 종종 약속을 어기며 고집을 피우는 모습을 보인다. 저녁 시간 전에 들어가기로 해놓고선 킥보드나 미끄럼틀을 한 번만, 또 한 번만 더 탄다고 하다가 한창 어둠이 깔려서야 집에 간다고 한다.

부모의 솔선수범만으로는 교육 효과가 떨어지는 것 같다. 그렇다면 어떻게 약속을 지키도록 유도할 수 있을까? 아이 스스로 약속을 정하고 지키는 경험을 자주 한다면 습관처럼 몸에 배게 할 수 있지 않을까? 체험을 통해서라면 더 효과적일 것 같았다. 여러 가지 놀이가 떠올랐지만 집에서 쉽게 할 수 있는 간단한 '신호등 놀이'를 해보기로 했다.

먼저 빨간 셀로판지와 초록 셀로판지를 준비해 신호판을 만든다. 규칙을 정하는 것이 아직 서툰 아이에게는 시각적인 도구가 큰 도움이 된다. 그런 다음 가위바위보로 술래를 정한 뒤 진 사람이 신호등이 되어 두 개의 신호판을 들고 있으면 된다. 가위바위보는 또 하나의 규칙이라 술래를 정할 때 사용하면 좋다. 술래가 먼발치에서 수신호를 한다. 그럼 나머지 사람들은 건너편에 서 있다가 술래의 신호에 따라 움직인다. 빨간색일 때 몸을 움직이면 그 사람이 술래가 된다. 초록색일 때 건널목을 건너다가 불이 바뀌면 그 자리에 멈춰야 한다. 초록불에 안전하게 다 건너는 사람이 이기는 놀이다. 칠판에 신호등 그림을 붙여놓고 이긴 사람에게는 신호등 안에 스티커를 붙여준다.

아이들이 많을수록 좋겠지만 우리 가족 세 명이 해도 꽤 재미있고, 교육적인 효과도 있다. 놀이라는 게 사회생활의 축소판이다 싶을 때가 있다. 신호판을 만드는 과정에서부터 즉, 색을 고르고, 모양을 그리고, 오리고, 붙일 때도 서로의 의견이 다르니 상대방이 의견을 낼 때 어떻게 수용하는지, 의견 충돌이 있을 때 어떻게 극복하는지를 모든 단계마다 배울 수 있다. 우리 아이도 놀이 전부터 신호판 색이 마음에 들지 않는다고 한 번 토라지고, 수신호판 대신 진짜 신호등대를 만들어 달라고 떼를 쓰더니 놀이를 할 때는 가위바위보에 상관없이 술래만 하겠다고 고집을 부린다. 그때마다 하나하나 약속을 정하고 지켜가며 즐겁게 놀이를 마무리했다. 작지만 이러한 경험들이 쌓여 아이가 건강한 사회생활을 하기 위한 좋은 밑거름이 되리라 믿는다.

3장

좋은 행동으로 변화시키는 스토리텔링

01 에헴! 호랑이도 무서워 도망가는 배잼

배도라지청 먹기

에헴~

앗, 호랑이 소리다. 무서운 호랑이가 나타났다! 어떡하지?

걱정하지 마. 세상에서 제일 힘 센 호랑이도 무서워하는 게 있단다.

바로 에헴~ 기침을 뚝 막는 배잼!

호랑이가 코를 벌름벌름.

'킁킁킁, 이게 무슨 냄새지? 기침 소리 못 나게 하는 배잼이잖아!'

배잼 냄새만 맡아도 겁이 나서 슬슬.

한 입 꿀꺽!

우당탕탕 호랑이가 도망가네.

'아이고~ 호랑이 살려!'

우리 아이는 태어나자마자 호흡 곤란으로 인큐베이터 생활을 하더니만 자라면서도 천식으로 고생을 했다. 한 뼘만 한 가슴에서 드르렁 숨소리가 날 때마다 나는 아이 가슴에 얼굴을 묻고 안타까운 한숨만 내뱉는다. 내성이 두려워 약을 안 쓰고 하루 이틀 지켜보다가 결국 또 병원에 가서는 알약, 가루약, 물약, 패치, 흡입제 등 온갖 약물을 잔뜩 받아들고 안심 반 후회 반으로 병원 문을 나선다. 기침에 좋다고 하는 배도 사서 갈아 먹여보고, 친정엄마가 가져온 도라지가루도 슬쩍 물에 타서 먹여보았다. 하지만 억지로 먹는 한두 번으로는 즉각적인 차도를 내지도 않을 뿐더러, 나도 이 정성을 계속 쏟기는 어려웠다. 잊을 만하면 또 아프고 기침으로 밤잠을 설치는 아이. 몸이 아프면 꿈에서도 그런지 험한 잠꼬대가 그대로 나온다. 무슨 서러운 꿈을 꾸는지 흐느끼거나, "싫어요", "미워요" 하며 속감정을 쏟아낸다. 키득거리거나 배시시 웃는 꿈은 몸이 좋을 때나 꿀 수 있나 보다.

아이가 태어난 뒤로는 오프라인보다 온라인 상점에서 모든 생필품을 구매하기 시작했다. 편리하기도 하지만 친환경 물품의 경우 온라인이 더 잘 구성돼 있는 이유도 있다. 어느 날 온라인 상점에서 물품 카테고리를 뒤적이다가 '배도라지청'이라는 것을 발견했다. 그래 이거다 싶은 마음에 바로 장바구니에 담았다. 하지만 막상 제품을 받고 보니 눈 감고 코 막고 먹어야 할 것처럼 쓰디쓴 까만 소스에 불과했다. 그렇잖아도 처음 보는 음식에 거부 반응을 보이는 아이에게 잘 먹일 자신이 없었다. 아니나 다를까, 몇 번 시도했지만 이 까만색 덩어리는 실랑이 끝에 바닥에 쏟아지거나 내 입속으로 가면 그나마 다행이었다.

기침과 가래를 가라앉혀 주어 천식에 좋다는 배도라지청. 어떻게 하면 이걸 기분 좋게, 무엇보다 꾸준히 먹일 수 있을까? 어떻게 하면 이 좋은 음식을 아이도 좋아하며 반기게 할 수 있을까?

아이의 구미를 당기는 비주얼은 아니어도 '스토리'를 입히면 얼마든지 아이를 매혹할 수 있다. 스토리를 만들기 위해 우선 음식의 특징을 생각해본다. 기침하는 아이에게 좋은 음식. '기침'이라고 하면 어떤 동물이 떠오르는가? 나는 '에헴' 하는 호랑이가 떠올랐다. 에헴~ 헛기침을 하고 으스대기를 좋아하는, 전래동화에 자주 나오는 호랑이 말이다. 그런 호랑이도 무서워서 도망갈, 기침 잡는 배도라지청. 이러한 스토리의 콘셉트를 잡고 짧은 이야기를 만들었다. 줄거리는 이렇다.

에헴, 기침하기를 좋아하는 호랑이 마을에 어느 날 소문이 떠돌았다. 인간 마을에서 먹는 배도라지청 냄새를 맡거나 한 입이라도 먹으면 기침을 못하게 된다는 것이다. 인간 마을 사람들은 호랑이가 얼씬도 못하게 모두 배도라지청을 한 입씩 꿀꺽 먹었다. 오늘도 어슬렁어슬렁 인간 마을로 가 먹이를 찾아 떠돌지만 인간 마을 집에서 배도라지청을 꺼내기만 해도 호랑이는 냄새를 맡고 무서워서 줄행랑을 친다.

스토리를 짜고 아이에게 배도라지청을 먹여보기로 했다. 배도라지청이라는 말은 아이에게 너무 어려울 테니 배잼이라고 부르기로 한다.

"아이야, 배잼 먹어 볼까? 이 마을에 나타나는 호랑이가 이 냄새를 맡으면 무서워서 도망간다더라. 에헴~ 기침을 뚝 멋게 하니까 말이지."

줄거리대로 이야기를 들려주고 배잼 한 입을 먹여본다. 아이는 순순히 한 입을 받아

먹고는 호랑이가 정말 도망갔는지 현관문으로 나가보자고 한다. 아이는 검지를 펴서 제 입에 대고 '쉿!' 소리를 내며 살금살금 까치발을 하고 현관으로 간다. 아무도 없는 집 밖을 내다보며 호랑이가 벌써 도망간 모양이라며 즐거워한다. 그날 이후로 아이는 지금까지 꾸준히, 무엇보다 흔쾌히 배잼을 한 숟가락씩 거르지 않고 매일 꼬박꼬박 먹는다. 물론 먹고 나서는 총총걸음으로 현관문 밖을 확인하는 것도 잊지 않는다. 천식으로 병원에 가는 일도 가뭄에 콩 나듯 뜸해졌다. 배잼을 무서워하는 호랑이 덕분이다.

02 폭탄에도 끄떡없는 해초맨의 비결

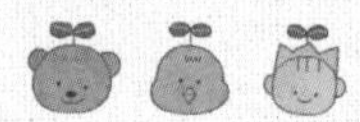

소고기미역국 먹기

내가 바로 지구를 지키는 해초맨!

앗, 적들이 나타났다!

총 두두두두~~

하지만 해초맨은 멋지게 피합니다.

당황한 악당들, 더욱 강력한 무기로 해초맨을 공격합니다.

폭탄 펑!

해초맨은 폭탄도 잘 막아냅니다.

으어어어……, 실패다 도망가자!

해초맨의 비결은 바로 미역 망토!

미역 망토로 오늘도 악당들을 멋지게 물리칩니다.

해초맨은 미역 망토를 펴고 하늘 높이 날아오릅니다.

슈우욱~~

살면서 물에 빠진 고기는 먹지 않는다는 친구를 더러 만난다. 음식에 대한 호불호가 거의 없는 나는 그런 사람도 있나 보다 하고 말았는데, 아니 글쎄 우리 아이가 그런다. 구운 고기는 잘 먹는 아이가 고깃국의 고기는 쏙 가려내며 "고기, 싫어!" 한다. 끓이기 쉽다는 이유로 소고기미역국을 자주 해주는데 국을 먹일 때마다 한바탕 실랑이가 벌어진다. 아이에게 이유를 물으니 '너무 쫄깃해서'란다. 고기가 질기다는 뜻이다. 씹는 시간도 길고, 다 씹어도 입에 남는 묵직한 덩어리를 도무지 목으로 넘겨내지 못한다. 심지어 요즘은 미역국 종류는 다 싫다고 거부하는 지경까지 이르렀다. 그렇다고 매번 다진 고기를 쓸 수도 없는 노릇이고, 더더욱 평생 소고기미역국을 먹이지 않을 수는 없지 않은가.

그러던 중 최근에 〈체르노빌〉이라는 드라마를 보았다. 제목에서 말해주듯 1986년에 일어난 체르노빌 지방의 원자력 발전소 사고를 다룬 드라마다. 이 엄청난 사고의 은폐되고 조작된 실제 원인과 이를 덮으려는 권력자들, 그리고 자신을 희생하여 더 큰 재앙을 막으려는 영웅과 같은 일반인들의 모습을 매우 사실적으로 그리고 있다. 드라마를 보기 전까지는 피폭이 얼마나 무서운지 실감하지 못했다. 그런데 피폭당한 사람들을 묘사한 것을 보니 등골이 섬뜩해서 숨을 가다듬고 내 피부를 만져가며 한 편 한 편을 시청했다. 원전 사고의 무서움도 무서움이었지만 내 이목을 끄는 인물 하나가 있었다. 바로 호뮤크 박사라는 인물이다. 드라마 속의 호뮤크 박사는 국가가 폐쇄한 체르노빌의 진실을 파헤치고 널리 알리기 위해 활약하는 과학자로 그려진다. 극 중 그녀는 요오드

알약을 늘 상비하고 다니면서 주변 방사능 수치가 올라가면 복용하고 다른 사람에게도 나눠주는데, 이는 요오드를 섭취하면 방사능이 침투해 왔을 때 방어하는 효과가 있기 때문이다.

나는 이 요오드 알약이 나오는 장면을 보면서 아이가 싫어하는 소고기미역국을 떠올렸다. '천연요오드'는 미역과 같은 해조류에 많이 들어 있기 때문이다. '요오드를 섭취하면 방사능을 방어할 수 있듯 미역을 많이 먹으면 어떤 폭탄도 막아낼 수 있다.' 머릿속에 바로 한 편의 이야기가 짜여졌다. 이 이야기라면 소고기미역국쯤은 순조롭게 먹일 수 있을 것 같았다.

소고기미역국이 밥 옆에 오른 날, 아이에게 이야기를 들려주었다.

"소고기미역국을 많이 먹으면 힘도 세지고 폭탄도 다 피한다더라. 엄마 먼저 먹어봐야겠다. 후루룩~"

나는 국을 한 숟가락 먹은 뒤 아이에게 피유웅~ 하며 폭탄을 퍼붓는 시늉을 했다. 아이는 처음엔 어리둥절한 표정이더니 얼른 국 한 입을 꿀꺽 떠넘긴다. 그러더니 바로 나에게 폭탄 사격을 가한다.

"폭탄이다! 피융~ 폭, 피융~ 폭, 피융~ 폭."

"으아~ 해초맨이다!"

나는 바로 쓰러지는 시늉을 했다. 주거니 받거니 폭탄 놀이를 하다 보니 질겨서 먹기 힘들다는 고기도 금세 아이의 목구멍으로 사라졌다. 아이의 국 한 사발은 눈 깜짝할 사이에 동이 났다. 미역국에 대한, 국에 빠진 고기에 대한 거부감이 사라진 것도 순식간이었다.

이제 미역국이 식탁에 오르는 날은 으레 아이가 먼저 국 한 숟가락을 입에 넣고 폭탄 놀이를 시작한다. 아이는 엄마가 던지는 폭탄도 다 막아낼 힘이 생겼다. 나도 열심히 먹고 공격해보지만 아이에게 번번이 지고 만다. 아이를 위한 행복한 패배다. 호뮤트 박사가 늘 요오드 알약을 가지고 다니며 섭취했듯이 아이의 건강을 위해 꾸준히 미역국을 먹는 습관이 중요할 것이다. 그래서 오늘도 나는 아이에게 이야기를 들려준다.

"이야, 소고기미역국을 좋아하는 해초맨을 당해낼 악당이 없구나!"

03 빨리 달리고 싶은 말

당근 먹기

옛날옛날 한 옛날에 달리기를 못하는 말 한 마리가 살았단다.

아무리 달리고 달려도 느릿느릿 지척을 못 벗어났지.

다른 동물 친구들이 달리기 시합을 하자고 해도 말은 늘 싫다고 말했어.

토끼가 깡총깡총 뛰어와서

"말아 말아, 우리 옹달샘까지 달리기 시합할까?"

"아니, 안 갈래."

사자가 어기적어기적 다가와서

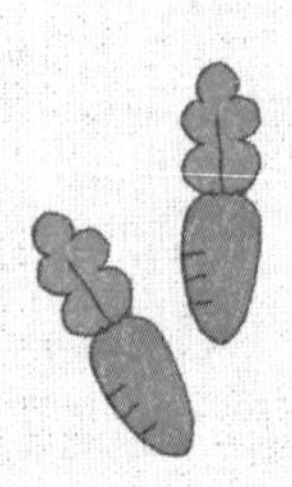

"우리 저기 초원까지 같이 뛰어갈까?"

"싫어, 싫어."

코끼리가 터벅터벅 걸어와서

"우리 물가까지 뜀박질하자."

"안 해, 난 안 가."

그러던 어느 날 말은 풀을 먹다 뽑혀 나온 당근을 아작아작 먹게 되었어.

당근을 먹고 나니 힘이 불끈 솟지 뭐야.

그러고 나서 따그닥따그닥 엄청 빠르게 달릴 수가 있던 거야!

말은 신이 나서 친구들에게 달리기 시합을 하자고 했지.

"토끼야, 사자야, 코끼리야 우리 달리기 시합하자~"

물론 당근 하나를 우걱우걱 씹어 먹고 말이야.

오후 네 시경 어린이집이 파할 때쯤이면 엄마들은 부리나케 간식 한두 가지를 챙겨 아이들을 데리고 삼삼오오 동네 공원으로 향한다. 약속이랄 것도 없이 늘 같은 곳에서 두서너 집이, 날씨가 좋다 치면 예닐곱 집까지도 모인다. 처음 한두 집 아이가 모여 놀기 시작하니 다른 아이들도 집에 가는 것이 억울한 양 놀고 가겠다고 기를 쓰고 모여들어 이제는 어린이집 아이들의 필수 코스가 되었다. 엄마들은 제철 과일을 보기 좋게 깎아 오거나 여의치 않으면 시중에 파는 봉지 과자라도 하나씩 들고 와서 널찍한 테이블에 한 상 펴놓는다. 그러면 킥보드를 타고 빙빙 돌거나 한참 신나게 뛰어놀던 아이들은 한 타임 두 타임 쉬어 가며 간식을 집어 먹고 다시 무리로 합류한다. 종종 공원에 놀러 온 다른 어린이들, 더러는 초등학교에 다니는 형님들도 넉살 좋게 끼어서 간식을 먹고 가곤 한다.

아이들에게 가장 인기 있는 간식은 청량한 제철 과일도, 든든한 빵류나 떡류도 아닌 바로 봉지 과자다. 봉지 과자가 있는 날은 아이들이 공원 돌기를 멈추고 다른 친구들이 집어갈세라 그 자리에서 봉지를 털 때까지 그 작은 손으로 과자 쟁탈전을 벌인다. 대개 집에서는 사주지 않는 과자를 먹을 유일한 기회를 노리겠다는 듯 아이들의 눈빛과 손놀림이 제법 치열하다. 우리 아이도 시중에 파는 봉지 과자를 맛본 뒤 전혀 다른 세상에 눈을 뜬 것 같다. 가게에 가면 과자를 사달라고 떼쓰는 것은 기본이고, 어쩌다 집에 과자라도 사놓으면 아침에 눈 뜨자마자 과자가 제자리에 있는지부터 확인한다. 과자가 있는 날은 뜯어 달라고, 나는 오후 간식이니 안 된다고 한바탕 승강이가 벌어지기도 한다. 가끔은 바쁜 아침에 밥을 다 먹으면 주겠다고 보상책으로 쓰는 날도 있는데, 그다지 좋은 방법이 아닌 것 같아 은근 고민이 됐다. 과자나 초콜릿 등 자극적인 음식을 접하기 전에 아이는 삶은 브로콜리, 오이 스틱, 데친 양배추, 구운 고구마, 삶은 감자 같은 자연 간식을 꽤나 잘 먹었다. 하지만 이제 이런 부류의 간식을 내놓으면 반사적으로 뚱한 표정을 보인다. 억지로 이게 몸에 좋으니 먹으라고 강요한다고 될 일이 아니다 보니, 다시 자연 간식을 반기게 할 묘약이 필요했다. 바로 이야기 처방이다.

반찬으로 만들 당근을 썰다가 몇 조각을 내서 당근 스틱으로 주었다. 처음 반응은 물론 안 먹겠다고 한다. 물기가 촉촉한 주황색 당근이 먹음직스럽다고 달래지만 소용이 없다. 즉각 당근에 어울리는 이야기를 생각해보았다. 당근을 좋아하는 말. 당근을 먹으면 말처럼 빨리 달릴 수 있겠구나! 후딱 당근 스틱 하나를 집어들고 이야기를 해준다.

"옛날에 아주 느리게 달리는 말이 살았대. 그래서 친구들과 달리기하는 걸 싫어했는데 어느 날 당근을 먹고 불끈 힘이 솟는 걸 느꼈지 뭐야."

난 냉큼 당근 스틱을 입에 넣으며 따그닥거리는 시늉을 해보인다.

"당근을 먹으면 엄청나게 빨리 달릴 수 있다더라, 이렇게 말이야~"

"나도, 나도 빨리 뛸래."

아이는 당근 스틱을 하나 집어먹더니 말달리는 흉내를 낸다. 나도 놀라움을 담은 눈빛과 목소리로 말처럼 빠르다고 칭찬해주었다.

"우와아아~ 우리 아이 당근 먹더니 말처럼 빨라졌구나."

신이 난 아이는 접시의 당근을 모두 먹겠다고 한다.

"엄마도 당근 하나 더 먹고 싶은데?"

“안 돼! 내가 다 먹을래.”

아이는 순식간에 당근을 다 먹어치우고 엄마보다 빨리 뛴다며 봐달라고 한다.

“오오~ 엄마보다 훨씬 빠르고, 말보다도 더 빠른 것 같아!”

아이는 이제 어떤 음식에서든 당근이 보이면 바로 먹고 일어나서 달리는 시늉을 한다. 한 번은 식당엘 갔는데, 메뉴를 골라보라고 하니 자기는 당근을 시켜달라고 한다. 유별난 당근 사랑에 웃음이 난다.

브로콜리, 양배추에게도 저마다의 이야기를 붙여주었다. 브로콜리 나무를 먹고는 뱃속에서 어떤 열매가 자랄지 상상해본다. 데친 양배추는 치즈를 말듯 돌돌 말아주니 양배추 돌돌말이가 되었다.

아직도 과자를 보면 아이 눈이 돌아가지만, 이제 한동안 외면하던 자연 간식을 거부하지 않고 잘 먹는다. 게다가, 자연 간식을 먹을 땐 과자에는 없는 저마다의 이야기를 쏟아내며 신이 나 있다. 왠지 신이 나서 먹는 자연 간식이 몸에도 훨씬 더 좋은 영양을 줄 것만 같다.

04 엄마 크레인 출동!

대답을 하지 않을 때

맛있는 식사 시간이에요.

엄마, 아빠 모두 식탁에 앉아 예솔이를 불러요.

예솔이는 블록을 쌓고 있네요.

"예솔아~ 밥 먹으러 오렴."

"……."

블록을 쌓던 예솔이는 엄마가 부르는 소리에도 듣는 둥 마는 둥이에요.

"엄마 크레인 출동합니다!"

예솔이는 그제야 두 팔을 위아래로 벌리고

크레인처럼 어그정어그정 걸어오는 엄마를 바라보아요.

"엄마 크레인으로 예솔이를 식탁으로 옮겨야겠다. 이이잉~ 치키치키치이익~"

크레인으로 변한 엄마가 말했어요.

"아아앗! 크레인에 안 잡히고 내가 먼저 갈 테야!"

예솔이는 후다다닥 뛰어서 식탁에 앉았어요.

"우리 예솔이 식사 시간에 맞춰 밥 먹으러 왔구나."

제시간에 왔다고 아빠가 칭찬해주었어요.

"엄마 크레인보다 더 빨리 도착했네~"

엄마보다 더 빨리 왔다고 엄마도 칭찬해주었어요.

예솔이네 가족은 다 같이 모여 얌얌 맛있게 식사를 합니다.

"밥 먹자! 식탁으로 오세요."

"……."

"우리 아이 카레 먹고 싶다고 해서 엄마가 맛있는 카레 만들었지~ 어서 와."

"……."

"뭐해. 카레 다 식는다, 빨리."

"……."

"어서 와!"

아이를 불러도 대답하지 않을 때가 있다. 좋은 말로 시작하지만 여러 번 불러도 응답이 없다가 가까이 가서 고함을 치면 그제야 대꾸를 한다. 하지만 그 대꾸라는 것도 하던 것을 중단하고 엄마에게 집중하는 '네'가 아닌, 하던 것을 방해하지 말라는 듯 짜증 섞인 톤의 '잠깐만'이다. 지금 그럴 때가 아니라고, 어린이집 늦는다고 바쁜 상황을 호소도 해보고, 밥을 먹으면 후식으로 초콜릿 쿠키를 주겠다고 아이가 좋아하는 과자를 미끼 삼아 회유도 해본다. 하지만 하던 놀이에 빠져 버티는 아이를 보며, 이내 "이리 오라고! 몇 번 말했어?" 하며 화를 내는 게 전형적인 패턴이 되어 버렸다. 비단 식사 시간만이 아니다. 같은 공간에 없어서 아이를 부를 때면 이렇게 나 혼자 열이 오르는 상황이 왕왕 발생한다. 내가 '버럭' 하고 다가가면 아이도 얼굴을 잔뜩 찡그린 채로 손을 들어 사자 흉내를 내며 '으르렁' 포효하는 소리로 맞받아친다. 때로는 "책 읽고 있잖아!" 하고 또박또박 대들기도 한다.

내가 '부모'로서 이 상황을 받아줄 만한 마음 상태라면 아이가 하고 있던 것도 중요하다고 인정해주고, 지금은 무엇을 할 때이니 그만하자고 부드러운 설명과 타협을 시도하겠지만, 성격 까칠한 한 '인간'으로서는 고운 말로 마무리할 도량이 없다. 대부분은 부모로 접근했다가도 인간 대 인간의 싸움으로 끝나고 만다. 감정과 시간을 소모하는 이 악순환의 고리를 끊어내기 위한 강력한 전환점이 필요했다. 여기서 또 내 직업병이 발현된다. 문제를 정의하고 목표를 설정하고 그에 맞는 솔루션을 '기획'하는 것이다.

- 문제 : 아이가 다른 공간에 있을 때 엄마 말에 대응하지 않음
- 목표 : 엄마가 부르면 아이가 하던 행동을 바로 멈추고 대응하게 함
- 원칙 : 스토리텔링 방법 적용, 강압적이지 않을 것, 소모되는 시간을 최소화할 것
- 솔루션 : 주의를 환기하고 국면을 전환할 수 있는 시청각적 관심거리로 유도

이런 원칙에 입각한 시청각적 관심거리로, 나는 내가 크레인이 되기로 했다. 아이를 불러도 답이 없으면 즉각 내가 크레인이 되어 아이를 퍼 날라 오는 것이다. 위의 상황에 맞춰 시나리오를 적용해본다.

"밥 먹자! 식탁으로 오세요."

"……."

"엄마 크레인이 출동합니다. 이이이잉~ 치키치키치이이익~"

크레인 소리를 내며 아이가 있는 데로 가서 아이가 있는 채로 들어 데려온다. 상황 종료. 아이도 강압적이라 느끼지 않을 것이고, 나도 아이의 무응답에 화를 내지 않을 수

있다. 물론 시간도 절약할 수 있다. 이렇게 기대 효과까지 시뮬레이션한 다음 행동 개시할 실전의 날을 기다렸다. 아이는 밤에 간식을 먹고 거실에서 책을 보고 있었다.

"엄마랑 치카치카하자. 욕실로 와."

"……."

"엄마 크레인이 출동합니다. 이이이잉~ 치키치키치이이익~"

들은 척도 하지 않던 아이는 내가 크레인 모양을 하고 두 팔을 뻗어 다가가니 바로 쳐다본다. 앉아 있는 아이를 그대로 번쩍 들어 욕실로 옮기니 아이는 이게 '크레인 놀이'인 줄 알고 다른 데로 도망친다. 반만 성공이다. 주의를 환기하는 데는 성공했지만 원하던 행동을 시키는 것은 실패했다. 즉각 시나리오를 수정한다.

"엄마 크레인이 출동합니다. 누가 먼저 욕실로 갈까요? 이이이잉~ 치키치키치이이익~"

"내가 먼저 갈 거야!"

아이는 재빠르게 욕실로 뛰어 들어간다. 사실 들어올릴 크레인 힘이 달릴까 걱정했는데 더 잘됐다. 엄마 크레인 방법은 아이가 엄마에게 대답하지 않을 때, 엄마가 요청한 걸 하지 않고 있을 때, 아이가 반복적으로 시끄러운 소리를 내거나 하지 말아야 할 행동을 할 때도 매우 요긴하다. 대답하지 않는 아이 때문에 속이 타는 부모님들은 즉각 크레인이 되어 보시기를 권한다. 눈이 번쩍하며 바로 엄마 요구에 대응할 것이다.

05 엄마, 사탕 까주세요

기다릴 줄 아는 아이 되기

"엄마, 잠깐만 이리 와보세요. 사탕이 안 까져요."

나는 사탕 껍질을 까고 싶었는데, 잘 안 돼서 엄마를 불렀어요.

"엄마는 지금 설거지 중이란다. 기다리렴."

엄마는 맨날 기다리라고만 해요.

"잠깐만이요, 딱! 잠깐만이요. 이리와 보세요."

나는 당장 사탕을 꺼내 먹고 싶어서 다시 졸랐어요.

"엄마는 갈 수 없어. 네가 좋아하는 차 줄 세우기 놀이하고 있으면 설거지 후에

사탕 까는 것 도와줄게."

나는 자동차가 잔뜩 들어 있는 바구니를 끙끙거리며 마루로 가져왔어요.

빨간 소방차, 노란 택시, 파란 버스…….

나는 자동차를 하나둘 줄 세우기 시작했어요.

마루에 자동차를 하나둘 줄 세우다 보니 베란다에서 신발장 있는 곳까지 왔어요.

설거지를 마치고 엄마가 오셨네요.

"잘 놀고 있었어? 오오, 자동차가 마루 도로 위에 엄청 많이 있네. 정말 긴 줄이다!"

"응, 엄마. 자동차 진짜 많지? 줄이 진짜 길지?"

참, 엄마가 설거지 끝내고 왔으니 이제 사탕 까달라고 할 거에요.

"엄마, 사탕 까주세요!"

"그래그래, 우리 아이 엄마 설거지 끝날 때까지 잘 기다려줘서 고마워!

엄마가 바로 사탕 까줄게."

집에 손님이 오셔서 차를 내놓고 얘기를 시작하려는데 아이가 계속해서 "엄마, 여기 좀 봐" 하며 손을 잡아끈다. 기다리라고 말해보지만 소용이 없다. 시간이 조금만 지나도 "그런데~" 하며 끼어들더니, 잠시 후엔 아예 두 손으로 내 얼굴을 잡아 자기 얼굴만 보도록 고정시켜 놓고는 말을 붙인다. 손님은 아이들이 다 그렇다며 이해해주지만 나는 민망하기도 하고 내심 짜증도 스멀스멀 올라온다. 결국 태블릿 PC를 가져와 만화영화를 틀어 제 방으로 보내고 나서야 손님과 대화를 시작했다. 가장 빠르고 손쉬운 방법이지만 찜찜한 마음은 남아 있다. 정녕 만화영화만이 답인가.

외부 손님이 오셨을 때뿐만이 아니다. 아이는 혼자서 잘 놀다가도 별 것 아닌 이유로 "엄마 이리 와봐"를 외쳐댄다. 내가 할 수만 있다면야 백 번이고 가서 아이와 놀아주고 도움도 주고 하겠지만 하던 일을 중단하고 가지 못할 상황이 대부분인지라 못 간다고 설명해준다. 엄마의 권위 따위는 벗어던진 채 "오구구 우리 아이, 엄마가 미안해"를 연발하며 어느 때든 호응해주는 엄마도 있다. 반대로 내가 손님으로 가 있던 어떤 집에선 내 앞에서 끼어드는 아이를 다그치며 "가만히 좀 있으라"며 혼내는 엄마도 있었다. 둘 다 극단적인 사례라는 생각이다. 자신이 원하는 대로 되지 않았을 때 그 몇 초를 기다리지 못해 조급해하는 아이를 어떻게 전략적으로 기다리게 만들 수 있을까?

1. 옳은 가치 심어주기

되는 것과 안 되는 것을 부모가 판단해서 말해줄 필요가 있다. 부모의 손님이 오셨을 때는 부모가 손님과 얘기를 하는 것이 당연하다. 엄마가 설거지를 할 때, 다른 일을 하느라 바쁠 때는 아이와 놀아주지 못하는 것이 당연하다. 이때의 옳은 가치, 즉 집에 오신 손님을 잘 응대해야 하는 것, 아이는 기다려야 한다는 것을 최대한 간결한 말로 단호하게 말해준다.

2. 대안 주기

말로 설명했을 때 한 번에 들으면 육아가 얼마나 쉬울까. 아이는 계속해서 보채거나 잠시 다른 곳에 주의를 기울인다고 하더라도 다시 엄마를 찾게 마련이다. 하여 엄마를 부르는 대신 다른 것에 몰입하며 기다릴 수 있게끔 대안을 주기로 했다. 아이가 기다리며 할 만한 것들을 알려주고 유도하는 것이다. 숫자 세기, 그림 그리기 등의 대안이 있지만, 아이가 좋아하는 것을 하며 기다리라고 하는 게 제일이겠다. 우리 아이는 뭔가 비뚤어진 걸 보지 못하는 꼼꼼한 성격이고, 각종 자동차 모으기를 좋아한다. 그래서 아이가 좋아하는 차를 한 줄로 줄을 세워 보라고 시켰다. 아이는 줄이 비뚤어질세라 집중하며 줄 세우기에 여념이 없다.

언젠가 퇴근 후 아이의 돌보미 선생님과 나눌 얘기가 있어 아이에게 기다리라고 말하던 참이었다. 여느 때처럼 아이는 "그런데" 하며 우리 대화에 끼어들려고 한다.

"엄마가 선생님과 대화 마칠 때까지 기다려야 해. 자, 자동차 바구니 여기 있으니 자동차로 줄을 세워봐. 얼마나 긴 줄을 만들 수 있는지 해보렴."

아이는 잠시 망설이더니 이내 자동차 바구니 쪽으로 걸음을 옮긴다. 곁눈질로 보니 시간 가는 줄 모르고 줄을 맞춰 자동차를 늘어놓는다. 빨간 차 뒤에 노란 차, 노란 차 뒤에 파란 트럭, 파란 트럭 뒤에 초록색 버스…….

선생님과 10분 정도 얘기하는 동안 아이는 마룻바닥에 기다란 자동차 열을 만들어 놓았다. 그에 따른 보상도 해준다. 바로 칭찬 스티커다. 아이가 열심히 놀며 기다려 주었으니 하트 스티커 하나를 자동차 바구니에 붙여준다. 자동차 바구니는 색색의 하트 스티커를 잘 채워가는 중이다.

어느 날, 아이는 저녁을 차리던 나에게 "엄마, 이리 와봐"를 급하게 외친다. 나는 "엄마 갈 수 없으니 기다려" 했는데, 안 된다고, 급하다고, 중요한 거라고 하며 오라고 한다. 뭔가 싶어 가봤더니, 자기가 하던 오리기 책에 '똥' 그림이 나왔다고 너무 재미있다며 엄마에게 보여주고 싶단다. 요즘 똥 이야기에 한참 빠져 있는 아이 입장에서는 똥 그림을 보니 제 딴에는 신이 났나 보다. 키득키득하며 좋아하는 녀석을 보니 때론 기다림과 절제를 알려주는 것보다는 아이가 좋아하는 걸 공감해줄 수 있을 때 가능한 한 많이 그래 주는 게 좋겠다는 생각이 든다. 아이가 언제까지고 똥 그림을 좋아하지는 않을 테니 말이다.

06 엄마 되기 놀이

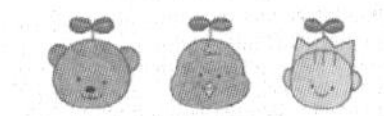

자제력 기르기

밥나라에 있는 밥은 친구들이 아주 많았어요.

국도, 반찬도 모두 다 친한 친구였죠.

밥은 과자와도 친구가 되고 싶었어요.

과자나라에 밥이 놀러 갔습니다.

하지만 욕심꾸러기 과자는 밥을 싫어했지요.

밥이 친구가 많아서 샘을 했는지도 몰라요.

"과자나라에 밥이 쳐들어왔다!

과자들 모두 공격!

밥은 싫어. 국도, 반찬도 싫어.

과자나라에는 과자만 들어올 수 있어!"

밥은 슬피 울며 돌아오고 말았죠.

지금도 과자가 우리 뱃속에 먼저 들어가면

욕심꾸러기 과자는 밥이 들어오지 못하게

뱃속 길을 꽉꽉 막아버린답니다.

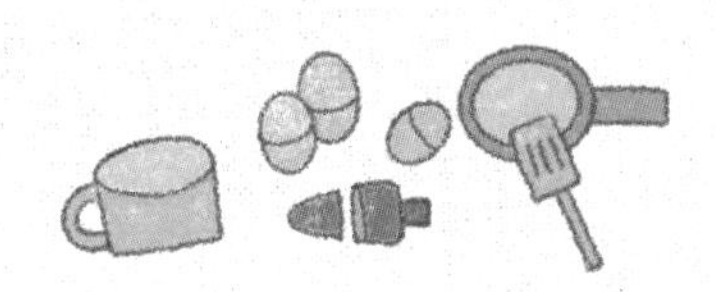

부산했던 한 주가 끝나는 금요일에 오후 반차를 냈다. 오랜만에 지친 몸도 쉬고, 아이가 하원한 후엔 아이와도 좋은 시간을 보낼 요량이었다. 그날따라 비는 추적추적 내리고, 야외로 나가기엔 날씨가 꽤 서늘했다. 어린이집을 나온 아이는 뭐가 뒤틀렸는지 뾰로통한 표정으로 딱히 하고 싶은 건 없다면서도 집에는 들어가려고 하지 않는다. 할 수 없이 집 근처 도서관에 갔다가 동네를 좀 배회하다가 아이가 사달라는 붕어빵을 사서야 집으로 들어갈 수 있었다.

집에 도착하니 벌써 저녁 시간이 다 됐다. 부랴부랴 저녁 준비를 하는데, 아이는 붕어빵 두 개를 다 먹겠다고 한다. 곧 저녁을 차릴 것이고, 이걸 다 먹으면 배가 불러 저녁밥을 먹을 수 없으니 하나만 먹으라고 했다. 아이는 하나를 얼른 먹어 치우더니 슬슬 눈치를 보며 먹으면 안 되느냐는 질문만 되풀이한다. 안 된다고 딱 잘라 말했지만 이미 두 마리를 꿀꺽 삼킨 뒤였다. 당연히 저녁은 입맛이 없다며 끼적대더니 몇 숟가락 뜨지도 않고 그만 먹겠다고 한다. 나는 부글부글 화가 치밀어 올라 홱 하고 그릇을 치우고 말았다. 나도 좋고 아이도 좋자고 오후 반차를 냈건만, 이쯤 되니 차라리 다른 데로 샐 걸 그랬다는 후회까지 들었다.

아이의 자제력을 길러주고 싶은데 내 속을 알 턱이 없는 녀석을 무작정 혼내기보다는 더 나은 방법을 찾고 싶었다. 아이와 자주 하는 놀이 중 역할놀이가 있다. 아이는 종종 아이의 꿈인 택배 배달원이 되어서 여러 가지 물건을 배달하기도 하고, 때로는 소방수가 되어 불을 끄기도 한다. 그날 밤은 아이에게 엄마 역할을 해보라고 하고, 나는 아

이가 되기로 했다. 엄마는 저녁을 차리고 아이는 식탁에서 기다리는 상황으로 설정했다. 나는 엄마가 된 아이에게 물었다. "엄마, 엄마, 여기 과자 한 봉지가 있네요! 저 이거 다 먹어도 돼요?" 난 부엌에 놓인 과자를 가져와 식탁 위에 올려놓았다. 아이는 답한다. "안 된단다. 참으렴." 나는 또 묻는다. "왜요? 배고파요. 이 과자 다 먹고 싶어요!" 아이는 손으로 저녁밥을 푸는 시늉을 하더니, "밥 먹어라~" 한다. 내가 과자부터 먹겠다고 떼를 쓰자 아이는 과자를 집어다 다른 곳에 놓아버렸다. 왜 과자를 먹으면 안 되느냐고 묻는 나에게 아이는 아무 말도 못한다. 나는 아이가 손짓하며 차려주는 상상의 밥과 국을 먹는 것으로 역할극을 마무리했다. 가만히 아이를 앉히고는 밥 먹기 전에 간식을 먹으면 안 되는 이유를 진지하게 설명해주었다.

"과자나 붕어빵이 먼저 뱃속으로 들어가면 다른 좋은 음식이 들어오지 못하게 딱 버티고 서서 머리한테 말을 해. 과자랑 붕어빵만 계속해서 더 달라고 말이야. 우리 아이는 몸에 힘을 주는 고기도 먹고 밥도 먹고, 뼈를 튼튼하게 해주는 멸치 반찬도 먹어야 하는데, 몸에 좋은 밥과 반찬은 들어가지 못하게 꽉 막고 못 들어가게 하지. 아빠처럼 키도 크고 생각주머니에 생각도 많이 넣으려면 밥이랑 반찬을 골고루 먹어야 하는데 간식만 먹으면 배만 뚱뚱해지지."

아이는 묻는다.

"그럼, 밥을 먼저 먹으면요?"

"밥과 반찬은 몸에 들어가면 몸에 필요한 영양분을 다 보내주고, 필요하면 간식도 오라고 하지. 그러니 밥부터 먹는 게 좋겠지?"

아이가 끄덕이는 걸 보니 이만하면 됐다 싶어 나는 진지모드를 끝내고 화제를 전환했다.

아이에게 옳고 그름에 대한 훈육을 하거나 위에서처럼 자제력을 높이는 훈련을 할 때 역할놀이는 좋은 구실을 한다. 부모가 아닌 제3자가 되어 화를 내지 않고 딱딱하지 않게 할 말을 전달하기에 최적의 방법인 것 같다.

온 가족이 모인 어느 날 저녁, 모처럼 할머니가 집에 오시면서 아이의 과자를 사 오셨다. 그런데 식탁에 놓아둔 과자 상자가 없어졌다. 아무도 본 사람이 없어서 아이에게 물었는데, 아이의 답변이 모두를 놀라게 했다.

"의자를 놓고 올라가서 저 위에 있는 서랍 안에 넣어놓았어요. 저녁밥을 먹고 간식을 먹어야 하는데 이걸 보면 자꾸 먹고 싶어지거든요."

아이의 대견한 행동에 모두 박장대소했다. 난 아이에게 진심 어린 칭찬을 해주었다.

"참기 힘들었을 텐데 정말 잘했구나. 우리 저녁밥 다 먹고 배에서 간식을 부르면 그때 꺼내서 먹자."

07 아랫집 쌍둥이

층간 소음 내지 않기

우리 아랫집에는요, 쌍둥이 아가들이 살아요.

쌍둥이 아가들은요, 매일매일 잠만 잔대요.

우리 집 바닥은요, 쌍둥이 아가네 집 천장이래요.

그래서 우리 집 바닥이 쿵쿵하면요,

쌍둥이 아가들이 응애응애 잠을 깬대요.

우리 가족은요, 모여서 골똘히 의논했어요.

어떻게 하면 쿵쿵대지 않고 걸을까요?

쌍둥이 아가들의 잠을 깨우면 안되니까요.

아빠는 얘기했어요.

나는 사뿐사뿐 나비가 될게요.

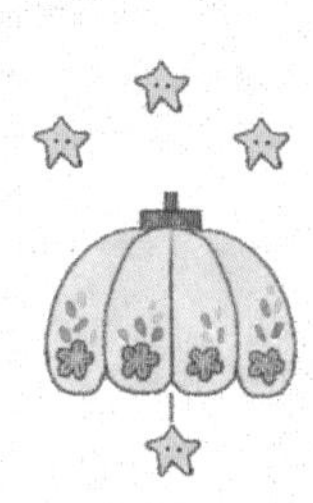

엄마는 얘기했어요.

나는 엉금엉금 거북이가 될게요.

나도 얘기했어요.

나는 뒤뚱뒤뚱 펭귄이 될게요.

쌍둥이야 응애응애 잠 깨지 말고 많이 많이 코~ 자.

층간 소음은 이미 큰 사회문제로 대두된 지 오래다. 층간 소음으로 인해 폭력 사건이나 살인까지도 이어지는 주변의 뉴스를 심심치 않게 접한다. 모르긴 해도 이 화두를 꺼내면 주변의 누구라도 격하게 공감하며 자신의 경험 한두 개쯤은 쏟아낼 것이다. 나도 마찬가지다.

좋아하는 첼로를 배워보겠다고 설치던 시절, 회사와 가까운 곳에 살던 나는 점심시간마다 집으로 달려가 첼로를 잡았다. 주말에 레슨을 받고 주중에는 연습을 하기로 했는데, 어느 날 3층 우리 집에서 연습하는 소리를 듣고 1층에 사는 이웃이 항의하러 올라오셨다. 낮 시간인 만큼 양해해달라고 했지만, 항의는 꾸준했다. 결국 연습 장소가 마땅찮아서 첼로를 그만두어야 했다. 언젠가는 한적한 동네에 방음이 잘되는 1층 집에 살리라 굳게 다짐하면서.

단독으로 사는 주거 형태가 줄고 공동주택이 많아지면서 한 건물에 사는 사람들은 모두 다 가해자인 동시에 피해자가 될 수 있다. 나의 윗집은 매일 새벽 두 시만 되면 굉음을 내며 온 천정을 휩쓸었다. 공업용 청소기를 돌리는 소리인 듯했다. 가내수공업을 하시는데 그 시간쯤 끝내고 마무리 청소를 하시는 거라 생각했다. 윗집을 찾아갈까 말까 백 번 정도 고민하던 어느 날, 주차해놓은 차를 빼다가 그만 윗집 차의 범퍼를 살짝 찌그러트리고 말았다. 사과 문자를 보내고 초조하게 기다리는데, 이웃끼리 그럴 수도 있으니 신경 쓰지 말라는 매우 쿨한 답문이 오는 게 아닌가. 그 사건 이후로 새벽 두 시의 청소기 소리가 제법 참을 만한, 아니 부드러운 자장가처럼 느껴졌다.

층간 소음은 비단 어른들만의 문제가 아니다. 통계조사 결과를 보면 아이들이 뛰거나 걷는 소리가 층간 소음의 원인이라고 꼽은 비율이 80%에 육박할 정도로 압도적이다. 아이를 가진 부모로서 뜨끔하지 않을 수 없다. 쿵쿵쿵쿵쿵. 후다다다다. 거실과 방 사이를 뛰어다니는 우리 집 아이를 볼 때마다 나는 두근두근 심장이 졸아드는 것 같다. 이사 오기 전 아이가 네 살 때까지 살던 집에선 맘껏 뛰어놀라고 장려하는 천사 양반들이 아랫집에 살아서 층간 소음 걱정이 없었다. 이사를 하고 채 2주가 안 되어 새 집의 거주자들이 소통하는 SNS 대화창에 우리 집이 거론되기 시작했다. 아이가 있느냐, 뛰어다니는 것 조심해 달라, 붕붕카를 타지 말아 달라, 저녁 8시가 지났으니 주의해 달라……. 아랫집 이웃은 이미 우리 집 소음의 정체를 속속들이 파악하신 듯했다. 그분들도 아이들을 키우고 계신 듯했으나 자비를 기대하기는 어려웠다. 그렇다고 아이가 뛸 수도 있다며 아랫집의 예민함을 탓할 수만도 없는 일. 2주밖에 안 된 새내기 이웃으로

서 그렇게 살얼음판을 걷는 기분으로, 아이가 소음을 낼 때마다 아이를 제지했다. 기실 예전 살던 집에서 천사 이웃으로 인해 완벽한 자유를 얻었을 때는 미처 깨닫지 못했던 소음이 꽤 빈번하게 일어났다. 하지만 갑작스러운 소음을 매번 제지하기도 어려운 일이었다. 아이가 평소에 저 스스로 헤아려 조심하는 수밖에 없었다.

아직 어리지만 아이에게 바닥 소음을 내면 안 되는 이유를 이해시킬 필요가 있다고 판단하고 아이 눈높이에 맞춘 스토리를 고안했다.

가상의 집을 만들고 집에서 벌어지는 층간 소음을 알아듣기 쉽게 설명키로 했다. 이를 위해 도화지를 길게 잘라 이어붙인 6층짜리 집을 만들었다. 순전히 층에 대한 개념을 설명하기 위해 만든 허름한 집 모형이었다. 그 얇은 도화지 집에서 아래층, 위층에 누가 사는지를 상상하며 레고놀이를 했다. 우리 아랫집에는 갓 태어난 쌍둥이 아이가 있는 것으로, 내 맘대로 설정했다. 실제로 아랫집에 찾아가서 인사하고 좋은 이웃이 되었다면 이런 인형 놀이보다는 더 쉬운 해결책을 찾았을 수도 있지만, 차일피일 미루다 보니 아랫집에 누가 사는지 아직까지 모르고 살고 있다. 여하튼 우리집 아래층에 상상의 쌍둥이를 등장시켜 역할놀이를 했다. 쌍둥이 갓난아이는 잠을 아주 많이 자야 하는데, 우리 집에서 쿵쾅 소리를 내면 우리 집 마루가 흔들흔들, 아랫집 천장도 덩달아 흔들흔들. 그러면 쌍둥이 아이들이 잠에서 깨서 응애응애 할 거라고 이야기해주었다. 종이집은 쿵쾅거릴 때마다 흔들거리며 층간 소음을 눈으로 보여주는 제 역할을 충실히 잘 이행해주었다. 그러고 나서 아이와 의논하는 시간을 가졌다.

"쌍둥이 아이들을 깨우지 않기 위해서 어떡하면 좋을까? 어떻게 다니는 게 좋겠어?"

"몰라."

"우리 사뿐사뿐 나비가 되어볼까? 이렇게 말이야."

나비처럼 살살 나는 모양을 하고 있으니 아이도 졸졸 따라온다.

"아니면 엉금엉금 거북이는 어때?"

이번엔 바닥에 앉아 슬금슬금 기는 모양을 한다.

"난 뒤뚱뒤뚱 펭귄이 좋은데."

아이도 뒤뚱거리는 모습을 하며 한술 거든다.

"좋아. 그럼 우리 쌍둥이가 잘 잘 수 있도록 집에 있을 땐 나비랑, 거북이, 펭귄이 되어보도록 하자. 약속~"

"약속! 도장 꾹!"

그렇게 아이는 아랫집 쌍둥이를 배려하기 시작했다. 가끔 뛰다가도 내가 쌍둥이 얘기를 하면 제 입을 막으며 나비걸음을 한다. 아이와 의논해서 정한 룰이니 아이도 이해하고 따르는 것이다. 어쩌다 손님이 집에 놀러오면 아이는 손님에게도 열심히 설명해준다. 아랫집에 쌍둥이 아가들이 있으니 나비가 되어 조심조심 걸으라고. 똑똑사니처럼 나서서는 우리 집 바닥이, 아랫집 천장이라는 친절한 부연 설명도 잊지 않는다. 그렇다고 항상 어른처럼 주의하고 행동하는 것은 아니다. 제지할 틈도 없이 불쑥 뛰어온 아이를 뒤로하고 철렁하는 가슴을 쓸어내리며 혹시 문자가 올까 조심스레 휴대전화를 꺼내보기도 여러 번이다. 조만간 아이 친구들을 집으로 초대할 일이 있으면 미리 아랫집에 과일이라도 사 들고 가볼까 한다. 갑툭튀로 어쩔 수 없던 그간의 소음도 사과하고, 아이 여럿이 낼 정신없는 소음에 대해 미리 양해도 구할 겸. 나비, 거북이 얘기를 하며 웃어넘기는 날이 오기를 기대하면서 말이다.

08 우유빵 얼마에요?

경제관념 바로 세우기

할머니가 주신 용돈을

어디에 쓸까?

삐뽀삐뽀 장난감을 살까?

첨벙첨벙 물놀이를 갈까?

세상에서 가장 맛있는

사르르르 우유빵을 사먹어야지!

"우유빵 얼마에요?

할머니가 주신 초록색 돈 한 장 여기 있어요."

"우유빵은 삼천 원이란다.

거스름돈 받아가거라."

우유빵을 샀더니

돈이 세 장이나 생겼어요.

우유빵도 생기고, 돈도 세 장이나 생기고

싱글방글 신나요.

사르르르 우유빵은

벌써 내 뱃속에서 사르르르 녹았어요.

거스름돈 세 장은

돼지 저금통 뱃속에 스르르르 들어갔어요.

돼지 저금통 뱃속이 빵빵 가득 차면요.

은빛 고운 우리 엄마 생일 선물을 사드릴 테에요.

누구나 어릴 적에 빨간 돼지저금통 하나쯤은 써 본 기억이 있을 것이다. 나 역시 얇은 플라스틱 저금통이 울퉁불퉁해질 만큼 꽉꽉 채우고 나서 배를 가를 때의 묘한 희열을 아직 기억한다. 내가 사고 싶던 인형과 인형 장식물들을 사러 문방구로 달려가던 설레는 발걸음이 생생하다. 지금 와서 보니 사고 싶은 것을 위해 동전을 차곡차곡 모으게 한 것은 우리 어머니의 지혜로운 경제교육이었다는 생각이 든다. 아이에게 딱히 경제교육이랄 것을 시킨 적이 없던 나는 아이가 세 살 때쯤 가까운 문구점에서 토끼 저금통 하나를 사다 주었다. 그런데 동전이며 지폐가 묵직하게 찰 무렵, 아빠가 현금이 필요할 때마다 아이에게 손을 벌리는 기현상이 일어났다. 현금을 거의 가지고 다니지 않는 요즘, 급할 때마다 나중에 갚겠다고 하곤 아이 돈을 쓰는 것이었다. 그러지 말라고 주의를 주었건만, 아이는 주는 맛을 들였는지 오백 원짜리 동전은 다 꺼내서 탑처럼 쌓아 놓았고, 큰 지폐도 일부 상납한 듯하다. 남편에게는 교육상 좋지 않으니 저금통을 건드리지 말라고 당부했다. 그리고 이참에 아이에게 초기 경제교육을 하기로 결심했다.

첫째, 돈의 가치는 무엇인지 제대로 된 개념을 심어줘야 할 것이다. 왜 돈을 모아야 하는지, 돈으로 할 수 있는 것, 또한 돈으로도 살 수 없는 것을 알려주는 것이 그 첫걸음이겠다.

둘째, 돈의 가치를 알았으면 소중한 돈을 어떻게 모으는지 방법을 가르치는 것이다.

셋째, 모은 돈을 어디에 어떻게 쓸지를 가르치는 것으로, 어찌 보면 가장 중요한 부분이다. 절약하는 것도 여기에 포함될 터이다.

이 정도면 경제교육의 큰 틀은 심어줄 수 있을 것 같다. 경제교육이라는 것이 하루아침에 되는 것은 아닐 것이다. 하지만 이 세 가지 틀에서 아이가 올바른 경험을 하게 하면 언젠가는 좋은 습관으로 자리매김할 것이다. 그런 의미로 각각의 단계에서 우리 아이에게 들려준 스토리와 놀이 경험을 공유한다.

1. 돈의 가치 알려주기

돈으로 무엇을 살 수 있다는 기본적인 개념도 있겠지만 돈은 유한한 것이니 꼭 필요한 것을 잘 선택해서 적정한 수준의 돈을 지불하게끔 교육하는 게 중요하겠다. 아이들과 물건을 사고파는 역할놀이를 할 때 어른들이 이런 개념을 가지고 유도하면 좋다. 역할놀이 중 물건을 사기 전 꼭 필요한 것인지, 너무 비싸지는 않은지 꼼꼼히 따지는 모습을 보여준다. 실제로 시장이나 마트에 가면 그곳에서 아이가 살 수 있는 것은 딱 한 가지로 가짓수를 정해놓는다. 그러면 아이가 고르고 골라 꼭 원하는 것을 선택할 수 있다.

돈으로 살 수 없는 가치도 역할놀이를 통해 교육할 수 있다. 가족이나 행복과 같은 것은 어떤 돈을 주어도 살 수 없다고 말해준다. 소꿉장난을 하며 아이가 나에게 만들어주는 음식도 무엇보다 귀한 것이니 값을 매길 수 없을 만큼 귀하다고 표현해준다.

2. 돈을 모으는 방법

아이가 어떤 것을 사겠다고 목표를 정할 수 있는 나이가 되기 전까지는 꾸준히 모을 수 있게만 도와주어도 좋을 것 같다. 나의 경우 토끼 저금통에서 딸랑딸랑 소리가 나면 배가 매우 고프다고 우는 소리이니 돈을 넣어주도록 유도했다. 토끼 배가 부르면 소리를 내지 않으니 그럴 때까지 모아보자고 했다. 토끼 배가 다 차면 아이가 좋아하는 사탕 백 개도, 자동차도 모두 살 수 있다고 말해주었다.

시중 은행에 가면 원하는 이름의 통장을 만들 수 있는데, 나는 '우리 아이 차곡차곡 통장'이라는 이름으로 통장을 개설했다. 명절 때 어른들이 아이에게 주시는 돈은 아이 통장에 넣고 꼬박꼬박 동그라미가 올라가는 걸 아이에게도 보여준다. 아이 이름으로 쌓인 돈으로 어떻게 쓰고 싶은지도 의논해본다.

3. 돈을 쓰는 방법

나는 우리 아이가 가치 있다고 생각하는 것에 지혜롭게 소비하는 아이가 되었으면 한다. 남편은 아주 어릴 때부터 용돈을 받으면 모조리 저축해서 사고 싶은 조립 모형을 다 사 모았다고 한다. 실은 그의 동생이 희생양으로 존재했기에 가능했던 일이었다. 동

생을 꾀어 동생 용돈으로 간식을 해결했기 때문이다. 정반대로 우리 아이는 남편이 저금통의 돈을 꺼내 써도 외려 더 퍼주고, 어린이집에서 불우한 이웃을 돕는 동전 모으기를 할 때도 그 저금통엔 동전 대신 지폐를 넣곤 한다. 퍼주는 것도 좋지만 아이가 필요한 곳에 돈을 모아 쓸 수 있도록 훈련을 시작했다. 바로 내년 엄마 생일을 위해 생일 선물을 살 돈을 모으는 것이다! 엄마도 좋은 실속형 경제교육이랄까. 아이가 엄마에게 사준다는 선물은 수시로 바뀌지만 목표를 가지고 돈을 모으는 것만으로도 기특하다.

우리 아이가 돈의 소중함을 알되 돈의 노예가 되지 않고, 목표를 가지고 모아서 가치 있는 곳에 소비하는 멋진 어른으로 성장하길 바란다. 어릴 때부터 부모와 함께 생활 속에서 배우고 익힌다면 반드시 그럴 수 있을 거라 믿는다.

09 내 친구 다송이

성교육

다송이는 내 여자 친구예요.

나는 다송이가 정말 좋아요.

세상에서 가장 예쁜 공주님 같아요.

나는 다송이가 공원에 가자고 하면 공원에 가고

시장에 가자고 하면 시장에도 같이 가고 싶어요.

왜냐면 나는 다송이가 원하는 것을 다 해주고 싶거든요.

나는 다송이랑 노는 것이 정말 재미있어요.

다송이랑 소꿉놀이도 하고 모래 놀이도 하고요.

같이 킥보드 타고 씽씽 달리면 정말 상쾌해요.

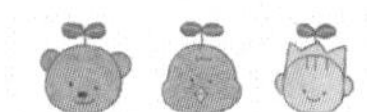

엄마는 여자 친구인 다송이도 남자친구인 현우도 다 좋은 친구들이래요.

나는 다송이를 만나면 반갑다고 뽀뽀를 많이 해주고 싶은데

그래도 다송이한테 먼저 물어보고 괜찮다고 하면 할 수 있대요.

뽀뽀는 볼에 한 번만 하기로 했어요.

왜냐면 다송이가 뽀뽀 많이 하는 걸 싫어할 수도 있으니까요.

그리고 다송이와 결혼하고 싶지만

스무 살까지는 참고 기다리기로 했어요.

그런데 엄마한테는 비밀인데요,

스무 살에도 다송이를 좋아할 거고,

그땐 꼭 다송이랑 결혼할 거에요.

아이가 집에서 ㅎ에 관해 얘기하기 시작한 건 네 살이 되면서부터였다. ㅎ은 우리 아이 어린이집의 동갑내기 친구이자 동네 친구다. 가끔 만나서 노는 정도의 사이였는데, 어느 날부터 집에 초대하자고 하고, 영상통화도 하자 하고, 주말에도 ㅎ이 보고 싶다고 한다. ㅎ엄마에게 들으니, 아이들이 세 살 때 어린이집에서 오전 산책을 나갔다가 ㅎ이 넘어졌는데 우리 아이가 손을 내밀어 ㅎ을 잡아 일으켜주었다고 한다. 그때 한 번 스파크가 튀었고, ㅎ이 고맙다고 꽃을 꺾어 선물했는데 그때 두 번째 스파크가 튀었다고 한다.

그 일 이후 ㅎ과 우리 아이가 급속도로 친해진 것은 당연하다. 어린이집에서 무슨 일이 일어났는지 좀체 얘기하지 않는 우리 아이와 달리 ㅎ은 엄마에게 하루 동안 있던 일을 미주알고주알 얘기하는 성격이라 ㅎ엄마는 어떻게 둘이 남자 친구 여자 친구가 됐는지 처음 시작부터 세세히 알고 있었다.

우연히 ㅎ가족을 길에서 만났는데, 우리 아이는 ㅎ을 보자마자 ㅎ의 볼에 뽀뽀를 퍼붓고는 ㅎ이랑 꼭 결혼할 테고 ㅎ에게 꼭 아기씨를 주겠다고 한다. 그런 우리 아이를 보며 점점 인상이 찌푸려지는 ㅎ의 아빠를 보니 우리 아이를 자제시켜야겠다는 생각이 들었다.

우리 부부는 아이가 아주 어릴 때부터 성교육을 이야기로 풀어왔다. 아빠랑 엄마랑 무척 사랑해서 결혼했는데, 그때는 우리 아이가 이 세상에 없었다고. 결혼하고 나서 아빠랑 엄마랑 몸으로 사랑해서 아빠가 엄마에게 아기씨를 엄청나게 많이 주었는데, 그

중에서 가장 빠르고, 가장 힘이 세고, 가장 멋진 아기씨가 바로 우리 아이였다고. 그 티끌만 한 아기씨가 엄마 몸속에서 쑥쑥쑥쑥 자라 이 세상에 나온 거라고. ㅎ을 만났을 때 아이는 그걸 기억하고 제 딴에는 사랑 표현을 한 것이다.

사실 우리 아이의 ㅎ사랑에 대한 일화는 셀 수 없이 많다. 활달한 성격의 ㅎ은 친구들과 쉽게 친해지다 보니 친구가 많은 편인데, 우리 아이는 자나 깨나 ㅎ뿐이란다. 다섯 살 나이답지 않게 매일같이 일편단심 순정을 보이는 것도 놀라운데, 사랑 표현을 들어보면 깜짝 놀랄 때가 한두 번이 아니다.

어느 날 ㅎ엄마가 찍어 보내준 사진 속 그림엔 우리 아이가 쓴 미숙한 글씨가 적혀 있었다. 바로 '공주'라는 단어였다. ㅎ에게 그 종이를 선물로 주며 귓속말로 ㅎ이 세상에서 가장 예쁜 공주라고 했단다. 맛있는 걸 먹으면 ㅎ에게 양보하고, 좋은 데를 가면

ㅎ을 꼭 데려오고 싶다고 하는 걸 보면 양보나 이타심이라는 단어와는 거리가 먼 어린 나이에도 정말 사랑하는 게 맞구나 싶을 정도다.

ㅎ아빠의 굳어가던 표정이 마음에 걸리기도 하고, 이성 친구를 대하는 아이의 감정이 너무 심각해지는 것 같아서 나도 몇 가지 대책을 세웠다. 일단 우리 아이가 가진 좋은 감정을 어른들이 더 부풀려 말하지 않기 위해, ㅎ얘기를 할 때면 꼭 다른 동성 친구들 얘기도 함께 나눴다. 예전에는 아이가 ㅎ에 관해 말하면 나를 포함한 아는 엄마들, 할머니들도 신기한 듯 아이의 감정을 되묻곤 했다. 하지만 아이가 이 감정에 너무 집중하지 않도록 ㅎ도, 다른 친구들도 다 친해질 수 있는 좋은 친구들임을 얘기해주었다. 아이가 ㅎ을 사랑한다고 말하면 "그래, 우리 아이에게 좋은 친구구나"라고 하며 사랑이라는 말에 호들갑을 떨며 반응하지 않기로 했다.

아이가 ㅎ에게 하는 신체적 애정 표현은 자제시킬 필요가 있었다. 아이는 원래 동성이든 이성이든 뽀뽀하기를 좋아하는데, 뽀뽀하기 전 친구한테 먼저 허락을 구하고 뽀뽀는 한 번만 하는 것을 원칙으로 정했다. 아이의 습관을 바로 잡기 위해 나도 아이에게 여러 번 하던 뽀뽀를 해도 되는지 먼저 묻고 해도 한 번만 하기로 했다. 평소에도 자주 아이의 몸은 소중하니까 다른 사람이 마음대로 하면 안 된다고 말해주었더니 아이는 다른 사람 몸도 소중하다는 걸 금세 이해한다.

마지막으로 아기씨를 주는 건 아기씨를 줄 수 있는 나이, 즉 스무 살이 넘어서라고 말해주었다. 이제 다섯 살이니 아직도 열다섯 살을 더 먹어야 한다고 했다. 아이는 하나둘 손셈을 하더니만 무언가 불가능하다는 걸 깨달은 눈치다.

한 달에 두어 번은 ㅎ네를 만나는데, 지금까지는 아이도 원칙을 잘 지키고 있다. 두 손을 꼭 잡고 앞장서서 걸어가는 아이들을 보면 한없이 예쁘고 사랑스럽기만 하다. 공원에서 신나게 뛰어노는 모습을 보면 그게 그 나이에 가장 잘 어울리는 그림이라는 생각이 든다. 서로 아껴주는 마음 오래도록 간직하고, 즐겁게 뛰노는 좋은 친구로 자라다오.

10 다람쥐 가족

가족의 철학

숲속 작은 마을에 다람쥐 가족이 살고 있었어요.

아빠다람쥐, 엄마다람쥐, 형님다람쥐, 아기다람쥐.

다람쥐 가족은 저녁에 다 같이 모여 웃음꽃을 피워요.

아빠다람쥐와 엄마다람쥐는 나무에 높이 오르는 법을 알려주고요.

형님다람쥐와 아기다람쥐는 그날 배운 노래를 들려주지요.

가을바람이 차가워도, 만화영화를 보지 않아도

다 같이 함께하는 저녁 시간은 꺄르르 꺄르르 재미있어요.

다람쥐 가족은 서로서로 도와요.

아빠다람쥐가 도토리를 찾아오면

엄마다람쥐는 얼른 나무집에 갖다 놓고요.

형님다람쥐는 두 손으로 껍질을 까고요.

아기다람쥐와 나누어 먹지요.

다람쥐 가족은 매일 감사 일기를 써요.

아빠다람쥐는 나무집이 튼튼해서 마음에 든대요.

엄마다람쥐는 숲속 마을에 도토리가 많아서 좋다고 해요.

형님다람쥐는 나무 오르기가 신난대요.

아기다람쥐는 나뭇잎 속에 숨는 게 재미있대요.

지금 이 글을 읽고 계신 독자들께서는 '내 가정의 철학'에 대해 생각해보신 적이 있는지 모르겠다. 철학이라는 말을 붙이기엔 너무 거창한 느낌이 드니 '우리 가정은 이랬으면 좋겠다'라는 바람이나 추구하는 방향 정도쯤으로 해두자. 우리 가족도 고민 끝에 세운 작은 철학이 있는데, 그에 관한 이야기를 나누고자 한다.

어릴 때 학교에서 의무적으로 가훈을 제출하라는 숙제를 받으면 썩 매력적이지 않은, 그야말로 보편적인 가훈 하나를 적어냈던 기억이 있다. 물론 그땐 어떤 가정이 됐으면 좋겠다는 정도까지 내 생각이 미치지도 않았다. 먹고 살기 바쁘셨던 우리 부모님께 좀 더 의미 있게 살아보자는 이야기를 했다면 그 또한 지극히 낯설었을 것이다. 난 삼십대의 마지막 종지부를 찍으며 결혼을 했는데, 결혼이 늦어진 것이 어찌 보면 매우 다행이라는 생각이 든다. 어떤 가정을 만들고 싶다는 생각이 구체적으로 섰을 때 결혼을 할 수 있었기 때문이다.

나와 남편이 결혼 전 원하던 이상적인 가정은 1+1=2가 아니었다. 우리가 부여한 의미는 1+1=2는 있는 그대로 발전 없이 정체된 가정, 2가 되지 않는 가정은 서로를 갉아먹고 해가 되는 가정이었다. 최소 3 이상의 수가 나와야 서로에게 도움이 되는 이상적인 가정이라는 뜻이다. 어떻게 하면 서로에게 질타의 대상이 아닌 본보기가 되고, 후회가 아닌 발전을 이루는 가정을 만들까?

결혼 전 우리가 세운 실천안은, '서로의 자존심을 건드리는 말은 하지 않는다', '자유롭게 의견을 나눈다', '지식과 취향을 공유한다'였다. 물론 이상과 현실은 달랐다. 결혼

한 지 꼬박 만 6년이 지난 지금, 우리의 합은 몇 정도냐고 남편에게 물으니 이제 겨우 2까지 왔단다. 그중 1.9는 남편이 이루었다는, 논쟁을 불러일으키는 대답도 함께.

출산 후 육아와 직장생활을 병행하며 어찌어찌 사는 지금껏, 아이와 함께하는 우리 가정의 철학에 대해서는 깊은 고민 없이 지냈던 것 같다. 우리 아이의 태명은 '우동이'였다. '우리와 동행하는 이'라는 뜻이다. 아이가 생긴 것을 알게 된 다음 날 예정됐던 출장길에 올랐는데, 내가 혼자 몸이 아니라는 것이 정말 생경한 느낌이었다. 엑스레이 검색대를 통과하기도 겁이 났고, 먹을 것을 고를 때도 신중했다. '털썩' 하고 앉기조차 조심스럽고, 배가 나온 것도 아닌데 왠지 걸음도 부자연스러웠다. 환승 시간이 길어 유럽 어느 나라 공항에 앉아 당시의 소회를 쓰다가 태명을 지었다.

"우리에게 온 아이, 우리 부부와 앞으로 동행할 아이, 너를 있는 그대로 존중할게. 서로 노력하고 서로에게 기쁨이 되자."

6년 전의 다이어리를 꺼내 드니 아이를 임신했을 때의 다짐이 새록새록 떠오른다. 늘 피곤함에 절어 아이와 함께하는 시간에도 서로에게 핑퐁질을 하며 아이와 노는 일을 떠넘기거나 같은 공간에 있으면서도 각자 휴대전화에 얼굴을 묻고 있는 요즘이었다. 지금이라도 너무 늦기 전에, '행복한 가정'을 위한 구체적인 행동 계획을 세워서 지켜 살기로 했다.

하나, 함께하는 공동 공간인 거실과 주방 식탁에서는 서로에게 집중한다.

대화를 할 때든 놀이를 할 때든 부모가 조급증 환자처럼 휴대전화를 확인하다 보면 대화나 놀이의 흐름이 끊길 때가 많다. 남편과 나는 아예 휴대전화만 들여다보고 아이 혼자 놀이를 하는 경우도 더러 있다. 하루 몇 시간 되지도 않는데 같은 공간에서 서로 다른 시간을 보내는 것이 얼마나 외로운 일인가. 어차피 아이는 평생 부모와 붙어 있지도 않은데 말이다. 초등학생이 되어 이어폰 꽂고 제 방에 들어가는 날 아이와의 관계는 끝이라는 이야기도 있다. 그때부턴 대화가 단절된다는 뜻이다. 서로 만나는 시간에 부모는 휴대전화를 꺼내지 않기로, 아이도 만화 시청은 하지 않기로 했다.

둘, 엄마와 아빠, 아이가 서로 돕는다.

아직 아이라 부모가 아이를 도울 일이 훨씬 많지만 아이도 부모의 상황을 이해하고 돕게 만든다. 자기가 먹은 식기는 개수대에 가져다 놓고, 자기 빨래는 빨래통에 갖다 놓고, 책과 장난감도 직접 정리한다. 엄마가 바쁘면 아빠와 아이가 돕고, 아빠가 바쁘면 엄마와 아이가 돕는다. 엄마, 아빠가 둘 다 야근을 하면 아이는 돌봄 선생님과 씻고 잘 준비를 마친다.

셋, 매일 감사 노트를 쓴다.

두런두런 이야기하며 하루를 마감하기에 이만한 게 없는 듯싶다. 각자의 노트를 마련하고 좋아하는 연필도 골랐다. 각자의 노트에 하루 세 가지 감사했던 점을 적는데, 아이의 감사한 일은 별것이 다 나온다. 이를테면 '방귀가 뿡 나왔습니다. 감사합니다.'와 같은 것이다. 매일 적다 보면 하루에 대한 기록도 되고, 가족에게도 감사한 점을 찾게 되고, 작고 소소한 데서 기쁨을 찾는 것이 습관이 되지 않을까 한다.

몇 년 뒤에 돌아보면 가족끼리 얼마나 좋은 점수를 매길 수 있을지 모르겠지만, 그때 또 후회하고 막연하게 '잘살아 보자'고 다짐하는 대신 지금 작은 실천 한 가지가 더 효과적이지 않을까. '나'는 가족을 위해 어떤 것을 할 수 있는지에 대해 한두 가지라도 먼저 정해서 실천하면 좋을 것 같다.

4장

위안을 주는 스토리텔링

01 구름 뽀뽀

소리를 무서워할 때

엄마구름과 아빠구름이 여행을 합니다.

산들산들 산바람에 쉬어 가고

휘익휘익 강바람에 들썩이며

멀리멀리 여행을 합니다.

어느 날 엄마구름과 아빠구름은

뜨거운 해님을 사이에 두고 헤어지게 되었습니다.

서로를 찾아 다시 여행을 합니다.

서로 그리워 눈물을 뚝뚝 흘리니 비가 됩니다.

엄마구름과 아빠구름이 다시 만났습니다!

엄마구름은 아빠구름에게

아빠구름은 엄마구름에게

달려와 뽀뽀를 하니 하늘에서 천둥이 됩니다.

우르르르르 꽝!

지난 여름 휴가는 놀랍게도 가을장마와 동시에 태풍까지 함께 맞았다. 남편이나 나나 휴가 시기를 비교적 자유롭게 정할 수 있어서 한여름은 피하자며 예약을 해놓은 것이 하필이면 장마와 태풍이 겹친 9월 초입이었다. 동시에 들이닥친 비난리를 피할 길이 없었다. 숙소에 들어온 날 한밤중부터 시작된 거센 비바람은 숙소를 통째로 때려눕힐 듯한 기세였다. 해안선 가까이에 지은 숙소는 건물 두 면이 바다를 마주하고 있었는데, 우리가 묵은 11층 방에서 ㄱ자로 된 통 창을 바라보면 마치 바다 한중간 높은 곳에 둥둥 떠 있는 것 같은 착각을 일으킬 정도로 훌륭한 바다 뷰를 자랑했다. 하지만 오히려 이 점이 태풍으로 몰아치는 밤을 더욱 무섭게 했다. 밤새 거칠게 오르는 파도 소리와 창문을 뚫는 뾰족한 작살 같은 빗소리에 잠을 잘 수 있을 거란 기대는 일찌감치 포기했다. 이리저리 몸을 뒤척이는 동안 아이도 잠이 깨서 무섭다고 안긴다. 남편만이 굉음 속에서도 미동도 하지 않고 깊은 수면에 빠졌다. 참으로 큰 복이다.

그러고 보면 아이가 소리에 민감한 건 나를 똑 닮았다. 아침에 부엌에서 조금 복작대다 보면 아이는 아직 일어날 시간이 한참 남았는데도 벌써 일어나 부엌으로 나온다. 아주 어려서부터 그랬다. 거실 마루에 앉아 가만히 놀다가도 창밖에서 뭣 모를 소리가 들리면 엄마한테 묻는 시늉을 하거나 아장아장 걸음으로 창밖을 내다본다. 좀 커서도 그랬다. 나는 무심코 지나쳐 들리지도 않는 저 멀리서 나는 소리도 꼭 뭐냐고 물어보곤 한다. 이를테면 고장 난 컴퓨터 산다는 아저씨의 스피커 소리, 우웅우웅 대며 오토바이 핸들 꺾는 소리, 공사 트럭 같은 큰 차가 삐삐거리며 앞뒤로 왔다 갔다 하는 소리 같은 것

말이다.

아이가 소리에 민감하니 소리에 무서움을 느끼기도 한다. 한낮에도 어쩌다 외부에서 큰 소리가 나면 기겁을 하고 엄마한테 달려든다. 밤에 재우기 위해 아이 방에서 토닥일 때면 창밖의 아득히 들릴 듯 말 듯한 잡음에도 무섭다고 한다. 무서워하는 것이 꼭 나쁜 것은 아니지만, 나는 아이가 주변 소리에 너무 예민하게 반응하지 않고 좀 더 편안하고 담대해지기를 바라는 마음이다.

이런 생각이 마음에 머물던 어느 날, 아이와 길을 걷는데 마른하늘에 천둥이 쳤다. 우르르르르 쾅! 집에 돌아오던 길이라 금세 집으로 들어왔지만 아니나 다를까 아이는 발까지 동동 구르며 무섭다고 안아 달라 조른다. 아이를 안고 가만가만 이야기를 들려주었다.

“하늘에 아주아주 커다란 구름 부부가 살고 있었단다. 엄마구름이랑 아빠구름은 아주 많이 사랑하는 사이였지. 그러던, 어느 날 아빠구름은 파란 바다를 보러 가자고, 엄마구름은 노란 해님을 보러 가자고 서로 다툼을 하게 되었단다. 둘은 서로 갈라져 따로 여행을 하게 되었지. 한 번도 헤어져 본 적이 없던 아빠구름과 엄마구름은 서로를 그리워하며 헤어진 걸 후회하게 되었지. 그래서 둘 다 서로를 찾아 되돌아가는데 이미 너무 멀리 가버린 거지. 아빠구름과 엄마구름이 슬피 우니 큰비가 되었어. 그렇게 찾아다니다 드디어 만나게 된 거야. 그래서 저쪽 하늘에서는 아빠구름이, 이쪽 하늘에서는 엄마구름이 힘차게 달려와서 뽀뽀하니까 이렇게 우르르르르 쾅! 하는 소리가 나는 거란다.”

아이는 어느새 두려움은 간데없고 호기심 가득 찬 눈으로 가만히 듣고 있다가 “엄마구름아, 아빠구름아, 계속 쾅쾅해!” 한다. 그래그래, 이제 천둥번개가 치는 날엔 무서움에 떠는 대신 구름 뽀뽀를 생각하며 기분 좋게 지내보자.

주변의 느닷없는 소음으로 무서워할 때마다 짤막하지만 유쾌한 이야기를 들려주면 아이는 바로 호기심이 발동해서 제가 상상한 이야기를 풀어내곤 한다. 위험해서 피할 상황이 아니라면 아이가 무서워하는 소리가 날 때마다 소리를 마주하며 다른 걸 연상할 수 있는 이야기를 하나씩 만들어 보기를 바란다. 엉뚱하고 비현실적인 이야기도 좋고, 아이가 좋아하는 인형이나 장난감을 등장시켜도 좋다. 이를테면, 코끼리 트림 소리나 찍찍이들이 파티하는 소리, 선인장 인형이 오랜만에 물 마시는 소리 같은 것 말이다. 담대함을 기르는 또 하나의 방법이 될 것이다.

02 밤하늘 안녕

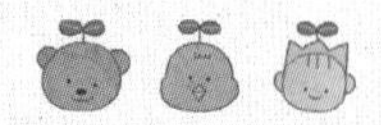

어둠을 무서워할 때

밤하늘 안녕?

까만 밤하늘엔 무슨 이야기가 펼쳐지나요?

달님 안녕?

달님은 조각배를 타고 쏴르르 쏴르르 노를 젓고 있네요.

굴뚝 안녕?

굴뚝 연기는 퐁퐁퐁 구름을 만들고 있고요.

나뭇잎 안녕?

형님 나뭇잎, 누님 나뭇잎, 아기 나뭇잎은

살랑살랑 밤 산책을 나가자고 조르고 있군요.

자동차 안녕?

자동차는 으아아함 하품하며 꾸벅꾸벅 졸고 있어요.

하율이 안녕?

하율이는요, 통통이 삼촌과 자전거 타는 꿈을 꾸고 있대요.

밤하늘 안녕.

모두 안녕.

어둠에 대한 공포 역시 아이가 네 살 무렵부터 생겨난 것 같다. 예전에는 잠자리에서 얼굴이 잘 안 보여도, 엄마 얼굴을 더듬어 만지며 "이건 아빠 얼굴이에요?" 하며 장난을 치곤 했다. 네 살 이후 부쩍 어둠에 대해 무서워하길래 처음에는 대수롭지 않게 여겼다. 하지만 점점 더 무서워하며 잘 때 불도 못 끄게 하니 어쩔 수 없이 곰돌이 수면등을 하나 사주었다. 곰돌이 수면등은 너무 쨍하지 않고 밝기 조절도 가능해서 잠들 때 가장 약한 불빛으로 맞추어 켜주면 아이도 안심하고, 또 잠드는 데도 방해될 정도가 아니라 좋았다. 아이의 어둠에 대한 공포는 딱 그 정도, 잠자기 전 토닥이고 수면등만 켜주면 된다고 생각했다. 하지만 실상은 예상 밖으로 심했다.

밤마다 아이 방 침대에서 함께 누워 아이를 재우고 나오는데, 얼마 전에는 이런 일이 있었다. 나는 곁에서 먼저 잠이 들어버렸는데 등을 지고 누워 있던 아이는 잠이 들지 않았었나 보다. 잠든 나를 거세게 흔들어 깨우더니 물이 마시고 싶다며 가져다 달라고 한다. 내 몸이 천근만근 무거운 날이었고, 잠이 깨는 게 싫기도 하여 잠투정이 섞인 짜증 톤으로 "부엌에 가서 마셔"라고 말한 뒤 그냥 눈을 감았다. 아이는 계속해서 칭얼대고 보채더니 너무 확고해서 가망 없을 것 같은 나를 한참 동안 바라보다가 이러지도 저러지도 못한 채 불이 꺼진 문 바깥쪽만 쳐다보며 앉아 있다. 그러더니 일어나 엉엉 큰 울음을 터뜨리며 문 밖을 나가서는 부엌으로 가지 않고, 부엌을 통과해서 가야 하는 안방으로 전속력을 다해 후다다다 뛰어 아빠에게 갔다. 아빠한테 한참을 안겨 흐느끼더니 억울한 심정을 토로한다. 아이는 정말로 어둠이 그만큼, 많이 무서웠던 것이다.

어둠에 대한 아이의 두려움이 내가 생각했던 것보다 훨씬 크다는 걸 느끼고 아이에게 이유를 물었다. 갑자기 괴물이 튀어나올 것 같아서 무섭다고 한다. 역시 학습의 결과인 듯싶다. 그렇다고 아이에게 "이 세상에 괴물은 존재하지 않으니 두려워할 필요가 없단다~"라고 말하는 게 무슨 소용이겠는가. 내가 어릴 적 가장 무서워했던 건 〈전설의 고향〉에 나오는 하얀 소복 입고 머리를 길게 늘어뜨린 허연 얼굴, 빨간 입술의 귀신이었다. 이미 TV에서 봤는데, 귀신이 없다는 엄마의 말은 내 귀엔 정말 귀신 씨나락 까먹는 소리로만 들렸다. 난 무서울 때마다 바짝 긴장하며 혹시나 내 양옆, 뒤, 천정에서 귀신이 튀어나올까 무서워 바닥에 등을 붙이고 이불을 다 덮어써야만 했다.

아이에게 각인된 어둠에 대한 공포, 괴물에 대한 두려움을 어떻게 해결해줘야 할까? 괴물 대신에 '밤' 하면 떠올릴 수 있는 기분 좋은 이야기면 좋을 것 같다. 아이가 잠 못 드는 어느 날 밤에, 난 어둠이 깔린 창밖을 함께 보러 가자고 했다. 우리 집은 4층인데,

건물이 높은 지대에 있어선지 베란다 창 너머를 보면 꽤 근사한 주위 풍경을 감상할 수 있었다. 그 밤, 창밖에는 반쯤 차오른 달이 떠 있었고, 저쪽 건물에선 굴뚝에 연기가 피어나고 있었다. 집 앞 작은 도로가에는 키가 큰 나무들이 제 가지와 나뭇잎을 살랑살랑 흔들고 있었고, 드문드문 차들이 빨갛고 노란빛을 뿜으며 집 앞을 지나갔다. 천천히 움직이는 차들과는 달리 발걸음을 빠르게 재촉하며 분주히 어딘가로 가는 사람들도 보였다. 아주 적막한 밤인 듯해도 밤에 움직이는 것들이 아주 많았다. 밤의 풍경을 보며 아이에게 느낌을 물으니 아이가 쏟아내는 답 자체가 이미 멋진 시와 이야기가 된다.

"아이야, 저 달님은 무슨 꿈을 꿀까?"

"음, 배 타고 노를 젓는 꿈!"

"오, 달님도 배를 타고 노를 저어 어디로 가고 싶은가 보구나."

"아이야, 저기 좀 봐~ 굴뚝 연기다!"

"엄마, 굴뚝 연기는 하늘에 구름이 생기라고 나나 봐~."

"하, 그래 그런가 보네. 저 굴뚝 연기 때문에 구름이 많구나."

"아이야, 저기 나뭇잎들이 흔들리네. 왜 그런 거야?"

"그건, 나뭇잎들도 자지 않고 더 놀고 싶어서 엄마나무에게 보채는 거지~"

"오, 우리 아이는 나뭇잎의 마음도 읽는구나."

아이와 두런두런 이야기를 나누다 보니 밤의 풍경이 아름다운 동화책이 되어 우리에게 읽어주는 것 같다. 하품하는 아이를 보니 이제 기분 좋게 잠들 수 있을 것 같았다.

"이제 그만 코 자러 갈까?"

"응, 밤아 안녕, 달님도 안녕, 굴뚝 연기도 안녕, 나뭇잎도 안녕!"

"아이도 안녕~ 잘 자요."

밤 풍경을 보며 아이와 얘기를 나누면 아이도 멋진 시인이, 이야기꾼이 된다. 어둠 속에서도 이렇게 아름다운 이야기들을 발견했으니, 아이도 괴물 대신에 좋은 이야기 하나쯤은 떠올릴 수 있지 않을까. 다음번에 무서우면 또 창밖을 내다보기로 약속했다.

03 영화관 나들이

낯선 곳을 두려워할 때

엄마와 영화관에 갔어요.

내가 좋아하는 용기맨 만화영화를 한대요.

그런데 영화관은 너무 깜깜해요.

영화관에 들어가기 싫어졌어요.

만화영화는 보고 싶지만 영화관은 너무 까매서 무서워요.

영화 보지 않고 집에 가고 싶어요.

난 엄마 손을 잡고 집에 가자고 했어요.

엄마와 영화관 밖에 있는 의자에 앉았어요.

엄마는 내가 좋아하는 책 이야기를 해주었어요.

"까만 나라에 까만 음식을 먹는 까만 임금님이 있어요. 까만 문이 있는 까만 집도 있고요. 우리가 집에서 읽었던 책인데, 영화관이 꼭 그 집처럼 까맣다 그렇지?"

어, 정말 그 책이랑 영화관이랑 똑같아요.

영화관은 까만 집 같고, 까만 문도 있어요.

까만 마스크를 쓴 용기맨도 나온다고요.

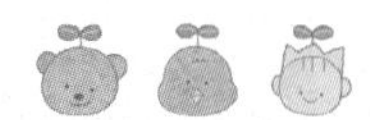

"우리 그 책에 나오는 것처럼 까만 나라가 나오는지 한 번 들어가 볼까?

까만 마스크를 쓴 용기맨도 보고 말이야."

엄마가 물었어요.

나는 까만 문을 열고 용기맨을 만나러 가기로 했어요.

용기맨 영화 보러 출발!

아이에게 다양한 경험을 주기 위해 바쁜 시간을 쪼개어 기껏 문화체험을 하러 갔는데, 아이가 낯선 장소라고 거부해서 결국 포기하고 돌아온 기억이 몇 번 있다. 커다란 인형탈이 돌아다니는 지역 축제 때도, 어두운 영화관에서도 그랬다. 아이는 입구에서 쭈뼛대며 머뭇거리다 급기야는 엄마 손을 잡아끌며 들어가지 않겠다고 버틴다. 아이 마음이 긴장과 두려움으로 꽉 차서 마음의 문을 닫아버리면 속수무책이다. 겨우 데리고 왔는데 어찌할지 난감하기도 하지만, 입장료까지 지불한 경우에는 적잖이 속이 쓰리다. 낯선 환경을 두려워하는 아이인 만큼 억지로 시키지 않으려고 최대한 사전 정보를 많이 주고 오는 내내 설득했건만, 문전에서 아이가 내켜 하지 않으면 방법이 없다. 괜찮다고 들어가 보자고 채근해봤자 허공에 하는 말처럼 무의미하고, 결국 아이를 다독이다 지쳐 포기하고 만다.

그런데 이런 일을 여러 번 겪고 보니 새롭고 낯선 곳도 아이가 흥미와 호기심으로 다가가게 할 수 있는 아주 좋은 방법을 발견했다. 바로 아이에게 친숙한 것을 떠올리게 만들어 낯선 환경과 연관시키는 연관법이다. 미술관 전시를 보러 갔다가 미술관의 문을 보고 어떤 책이 떠올라 사용해봤는데 효과 만점이라 그 후에도 계속 유용하게 써먹고 있다. 그날의 상황은 이러하다.

전시장 입구는 매우 어두웠다. 어두운 입구에서 아이는 이미 겁을 먹은 모양이다. 오기 전에 미술 전시를 보러 갈 것이라고 충분히 얘기해주고 한껏 기대에 부풀어 왔건만 아이는 들어가지 않겠다고 떼를 쓴다. 간만의 유쾌한 나들이가 될 줄 알았는데, 입구에서부터 큰 난관에 부딪힌 것이다. 하는 수 없이 밖으로 나와 벤치에 앉아서 아이의 마음을 읽어주고 앉아 있었다. 앉아서 보니 미술관으로 들어가는 문이 매우 작다. 나는 아이에게 자주 읽어주었던 책《작은 집》이 떠올랐다. 작은 집이 있고, 작은 아저씨와 아주머니, 그리고 작은 동물들이 있는데, 그들이 마당으로 나와 밥을 달라고 해서 각자의 밥을 먹고 다시 차례로 작은 집으로 들어가는 내용이다. 미술관의 작은 문을 보니《작은 집》이 떠올랐고, 그 책에 나오는 작은 문 같다고 말해주었다.

"아이야, 저기 미술관 문 좀 봐. 정말 작다. 그렇지. 우리 읽었던 책이랑 똑같아. 작은 집이 있어요. 작은 문이 있고요. 작은 아저씨가 나와요. 작은 아주머니도 나와요. 작은 강아지가 나와요. 작은 고양이도 나오고요. 그 책에서처럼 작은 문이다. 그렇지?"

"어, 진짜! 그 책에 있는 작은 문 같다!"

아이는 신기해하며 웃는다. 아이의 경직된 마음이 어느 정도 풀린 것 같아서 아이를 보며 물었다.

"우리 정말 작은 아저씨, 작은 아주머니, 작은 강아지, 작은 고양이, 작은 수탉, 작은 암탉이 있는지 들어가 볼까? 아니면, 미술관의 작은 문 안에는 어떤 작은 것들이 있을까? 엄마는 정말 궁금하네."

아이의 마음은 이미 두려움보다는 호기심 쪽으로 기운 것 같다.

"나도 궁금해. 들어가 볼래."

아이는 흔쾌히 내 손을 잡고 작은 문으로 향한다. 들어가서는 언제 그랬냐는 듯 전시도 보고 사진도 찍고 신나게 돌아다닌다.《작은 집》책 덕분에 아이는 즐거운 상상거리를 안고 어두운 미술관도 들어갈 수 있었다. 작은 집 이야기는 까만 집으로, 파란 문으로 들어가기를 꺼리는 낯선 곳의 특징에 맞게 용도 변경하여 사용한다.

책 내용뿐만 아니라 그 장소와 연관 지을 수 있는, 아이에게 친숙한 어떤 것이든 불러와도 좋을 것 같다. 새롭고 낯선 것에 익숙한 징검다리를 하나 놓아주는 것이다. 색깔이든 모양이든 이야기든 아니면 다른 소리든 아이에게 친숙한 모티브를 찾아 낯선 환경에 접목해서 스토리를 만들어 주면 아이도 호기심을 가지고 새 환경에 대해 상상을 하면서 도전해볼 수 있을 것이다.

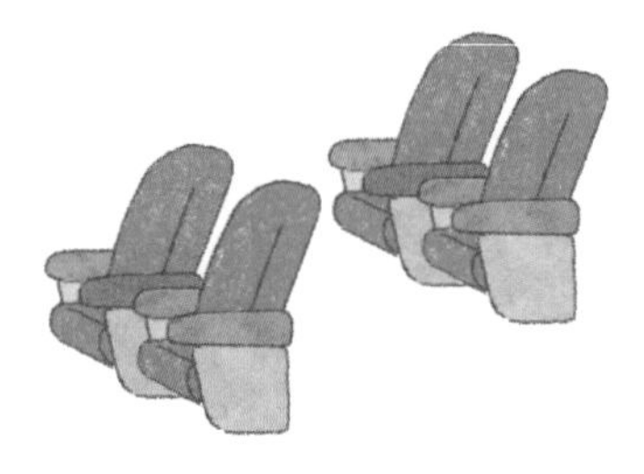

04 돌고래야, 나랑 같이 놀자

쉬야 하기

돌고래야, 정말 반가워.

아이야, 정말 반가워.

돌고래야, 나랑 같이 놀자.

폴짝~ 폴짝~

돌고래야, 나랑 같이 수영하자.

참방~ 참방~

돌고래야, 나랑 같이 뽀뽀하자.

쪼옥~ 쪼옥~

돌고래야, 나랑 같이 쉬하자.

쉬~ 쉬~

돌고래야, 나랑 같이 코자자.

코~ 코~

아이가 자라면서 저 혼자 힘으로 하나둘씩 해나가는 걸 보는 게 부모에게는 가장 큰 보람이지 싶다. 몸을 뒤집고, 기고, 일어서고, 넘어지고, 걷고, 말을 한다. 아이마다 발육 상태나 환경에 따른 차이가 있겠지만 아이는 이 모든 걸 혼자 힘으로 해낸다. 두세 살이 되면 스스로 입고, 싸고, 씻는 기본 생활까지 가능해진다. 하지만 이때부턴 부모의 역할이 중요하다. 모든 아이는 스스로 할 수 있는 능력을 갖추고 태어나지만 아이에게 도전 과제를 주고 습관화시키는 것은 부모의 몫이기 때문이다. 기본 생활부터 스스로 하는 습관을 잘 들일 수 있도록 옆에서 도와주고, 잘 해내도록 지속해서 독려해주는 게 부모의 바른 역할일 것이다. 기본부터 혼자서 하는 버릇이 잘돼 있으면 어려운 과제도 두려움 없이 해내지 않겠는가. 그래서 나는 아이가 태어난 후 지금껏 "엄마가 해줄게"라는 말을 써본 적이 없다. 난 아이 대신 무언가를 해주는 존재가 아닌 아이가 바로 설 수 있도록 필요한 때까지 도와주는 존재이기 때문이다. 대신 "엄마가 도와줄게"라고 말하고, 내가 도와줄 수 있는 최소한의 것을 최선을 다해 도와준다.

우리 아이는 세 살이 됐을 때 소변 가리기에 성공했는데, 그 성공담을 나누고자 한다. 순전히 체험을 바탕으로 쓰는 글로, 남자 아이를 기준으로 설명할 것이나 여아에게도 기본 맥락은 같을 것이다. 아이가 두 살 때부터 소변기를 갖춰놓고 소변 훈련을 시킬 마땅한 시기를 기다렸다. 소변기로 유도해서 소변기에 소변을 보면 칭찬 스티커를 붙여주기도 했으나 아이가 몇 번 하다가 싫은 내색을 하는 바람에 며칠을 못 넘기고 다시 기저귀를 채우곤 했다. 아이가 소변기와 친해지고 소변 보는 것을 재미있게 느낄 만한 다른 방법이 필요했다. 마침 사놓은 소변기가 돌고래 모양인 데서 아이디어를 얻었다. 돌고래 소변기를 설치해놓은 욕실을 돌고래와 신나게 노는 '돌고래 놀이터'로 변신시키는 것이다. 돌고래 놀이터의 꼴을 갖추기 위해 대형 돌고래 스티커와 파도 스티커, 태엽을 감아 움직이는 돌고래 장난감, 작은 돌고래 모형도 샀다. 욕실은 말 그대로 미니 돌고래 테마파크가 되었다. 아이가 돌고래 소변기에 쉬야 하는 것을 돌고래와 노는 놀이로 인식하게 한 것이다.

구체적인 방법은 다음과 같다.

첫째로 돌고래 소변기를 부착한 벽면에 돌고래 그림을 붙여놓는다. 돌고래 그림을 그려 넣고 몇 마디 말을 써넣은 종이 한 장이다. 동그란 거품은 칭찬 스티커를 붙이는 칸이 되고, 돌고래 말풍선에는 돌고래가 하는 인사말을 적는다. 이를테면 '아이야 안녕? 돌고래랑 쉬야 연습할까?'와 같은 말이다. 돌고래 그림은 아이의 눈높이에 맞춰 붙

여놓는다. 아이가 쉬야 하러 갈 때마다 돌고래가 말을 건네듯 말풍선의 글씨를 읽어주었다. 아이는 살아 있는 돌고래와 이야기하는 것처럼 그때마다 대답도 하고 돌고래에게 다른 질문을 하기도 한다. 돌고래 쉬야통에 쉬야를 한 번 할 때마다 칭찬 스티커를 붙여주고, 스티커 10개가 다 차면 돌고래의 다른 인사말을 적은 종이를 새로 붙였다. '난 바다에서 수영하기를 좋아해. 나랑 같이 수영할까?', '오늘 날씨가 어때? 바닷속은 몹시 차가워.' 이런 식이다. 아이는 돌고래가 또 어떤 이야기를 건네는지 기대하며, 거품 칸에 스티커를 금세 채운다. 새로운 인사말을 하는 돌고래 그림은 돌고래 테마파크를 더욱 살아 있는 공간으로 만들었다.

둘째로 돌고래 장난감도 욕실에 차례로 풀었다. 욕조 벽엔 커다란 바다 스티커도 붙이고, 욕실 여기저기에는 아이가 목욕하며 가지고 놀 수 있는 수중 돌고래 장난감들을 놓았다.

셋째로 돌고래 그림책을 한 번씩 읽어주었다. 책은 돌고래에 관한 관심도 높이고 교육 효과도 덩달아 높이는 좋은 소재였다. 아이는 한 책에 꽂히면 몇 번을 그 책만 읽어달라 했는데, 이 시기에 가장 많이 읽은 책이 바로 돌고래 그림책이었다. 돌고래와 대화하며 쉬야 놀이에 쉽게 적응한 아이는 이제 돌고래 박사가 되었다.

반드시 돌고래가 아니어도 아이가 좋아하는 동물이나 다른 캐릭터를 연관 지어 쉬를 할 때마다 즐거운 경험을 쌓게 한다면 아이도 쉽게 화장실에서 소변 보기에 적응할 것이다. 소변 가리기를 하면서 상상력도 키우고 교육 효과까지 있다면 그야말로 일석삼조가 아닐까.

05 똥의 길 찾기

응가 하기

오늘도 똥은 어둠 속에서 길을 헤매고 있어요.

아, 뱃속 길은 너무 깜깜해!

주춤주춤 앞이 잘 안 보여.

어기적어기적 앞으로 가볼까?

아, 뱃속 길은 너무 꼬불꼬불해!

빙글빙글 아이 어지러워.

살금살금 조심히 가자.

아, 이제 거의 다 왔어!

옴찔옴찔 조금만 더~

벌름벌름 아~ 밖이 보인다.

야호, 나왔다!

세상 빛을 본 기다란 바나나 똥은

너무 기뻐서

흔들흔들 춤을 추며 내려옵니다.

아이가 대변 기저귀를 뗀 것은 네 살 무렵이었다. 팬티 입은 모습이 멋지다고 칭찬을 해주니 우쭐대며 신나서 팬티만 입고 집 안을 구석구석 돌아다녔다. 나는 오래전에 사서 때만 기다리던 유아 변기를 드디어 사용한다고 좋아했는데, 막상 기저귀를 떼기는 했지만 변기에 앉히는 건 또 다른 도전이었다. 아이가 변기에 앉는 것이 싫어서 변을 참는 것이다. 그러다 보니 규칙적인 배변 습관이 깨지면 어쩌지 하는 걱정이 생겼다. 기저귀를 떼도 걱정, 떼지 못해도 걱정이었다. 기저귀를 떼기 전에는 주로 아침에 일어나 어린이집 가기 전에 볼일을 보곤 했는데, 변기에 앉으려 하지 않으니 배변 시간도 들쭉날쭉해졌다. 분주한 아침에는 부모도 아이도 느긋하게 앉아 응가를 기다려 주기 어려워서 못하고, 낮에는 단체 생활을 하는 어린이집에 있으니 아이의 수줍은 성격상 또 못했다. 결국 늦은 저녁이 다 돼서야 힘주어 응가를 시도하는데, 그나마 저녁 응가 타임을 놓치고 나면 다음 날도 같은 패턴이었다. 아이가 배가 아프다고 하면 십중팔구는 응가 배가 아픈 것인데도 아이는 똥은 마렵지 않다고 했다. 변기가 두려운 것이다. 가끔 주변의 어른들이나 친구들이 똥에 대해 더럽다고 냄새난다고 거센 억양으로 말한 것이 더 부끄러워하는 이유일 수도 있겠다.

한 번은 가족끼리 해외여행을 갔는데 꼬박 3일을 참은 적도 있다. 바뀐 시차와 환경 탓에 어지간히 긴장하기도 했을 것이다. 유아용 변기 커버까지 챙겨가서 변기 위에 놓아주었건만 똥이 마렵지 않다고 고집을 부리며 변기에 앉는 것을 거부한다. 3일째 되는 날 밤, 이제는 못 참겠다 싶었는지 기저귀를 채워달란다. 그제야 안심했는지 쪼그리고 앉아 힘을 주는데, 아이 얼굴이 시뻘겋게 달아오르다 못해 누렇게 질려 있다. 악착같이 다문 입에서는 '끙' 소리가 연신 새어 나오고, 온몸에 어찌나 힘을 주는지 아이의 목 핏줄이 어른의 것처럼 시퍼렇게 툭 튀어나오기까지 했다. 십여 분을 끙끙대다가 겨우 일을 보고 나서는 기진맥진하여 주저앉고 만다. 옆에서 보고 있기 가엽기도 하고 장하기도 한데, 앞으로는 아이가 어디서든 똥을 싸는 것에 대해 마음 편하게 생각하고, 변기에 응가 하는 것을 두려워하지 않았으면 하는 바람이 컸다.

아이가 마음 편하게 응가를 할 수 있도록 열심히 도와주기로 했다. 일단 배가 아프다고 하면 "엄마 손은 약손, 아이 배는 예쁜 배, 똥 나와라. 얍!" 하고 노래를 들려주며 배를 살살 쓸어주고, 배변 훈련에 관한 책도 꺼내 읽어주었다. 아이가 똥이 더럽다고 냄새 난다고 부정적인 말을 하면, 똥을 싸지 못하면 몸이 매우 아프다고, 똥은 정말 고마운 것이라고 똥에 대한 긍정적인 얘기도 많이 해주었다. 변기에서 배변에 성공한 날은 똥과의 이별식도 했다. "똥아, 내 몸에서 나와 주어 고마워. 잘 가 안녕!" 하며 인사하고 직접 물을 내리는 것이다.

나는 무엇보다 똥과 변기를 친숙하게 느끼게끔 재미난 똥 이야기를 자주 만들어 들려주었다. 쇠똥구리와 말똥구리가 서로 똥을 많이 모으기 위해 시합하는 이야기, 똥이 세상에 나오고 싶은데 길을 찾지 못하고 헤매다가 겨우 구멍을 찾아 나온 이야기, 새똥이 바람을 타고 여행한 이야기 등. 아이는 똥 얘기를 좋아해서 귀를 쫑긋 세우며 이야기를 듣곤 했다. 덕분에 아이는 다시 규칙적인 배변 습관을 찾게 되었다. 얼마 안 가서 유아 변기도 떼더니 이제 저녁 시간이 되면 알아서 어른 화장실에 들어가 저 스스로 변기 커버를 척하니 올려놓고는 발판을 놓고 변기 위에 앉는다.

어느 날 엄마를 불러서는 묻는다.

"엄마, 똥이 안 나와."

"응, 똥이 밖에 나오고 싶은데 길을 못 찾고 있나 봐. 뱃속 길은 너무 깜깜하거든. 꼬불꼬불 뱃속 길에서 길을 헤맬 수도 있고. 조금만 기다려봐. 그런데 이번에는 어떤 똥이 나올까? 동글동글 돌멩이 똥일까, 뾰족뾰족 가시 똥일까?"

이렇게 얘기해주면 아이도 마음이 한껏 여유로워진 것을 느낀다. 어느새 응가를 마친 아이는 변기 안을 들여다보며 외친다.

"엄마, 기다란 바나나 똥이 나와서 춤을 추며 내려가."

나도 신기한 듯 맞장구를 쳐준다.

"응, 정말 그러네. 바나나 똥아, 고마워. 바나나 똥아, 잘 가!"

06 눈을 감고 양을 세어 보아요

머리 감기

눈을 감고 양을 세어 보아요.

양 한 마리, 양 두 마리, 양 세 마리….

"양 한 마리 나왔나요? 양 한 마리 뭐 하고 있나요?"

"배추 먹어요."

"양 한 마리 또 나왔나요? 양 두 마리 뭐 하고 있나요?"

"산책 가요."

"양 한 마리 또 나왔나요? 양 세 마리 뭐 하고 있나요?"

"코자요."

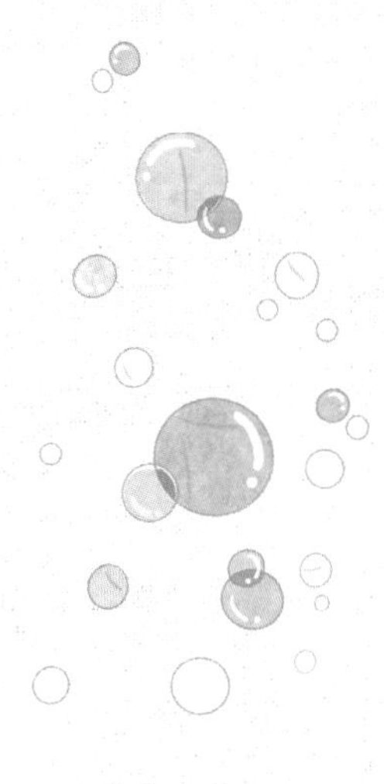

양을 세다 보면

거품이 뽀글뽀글

물이 쏴쏴쏴쏴

뽀드득뽀드득 깨끗한 머리가 된대요.

"양아 양아 고마워. 내일 머리 감을 때 또 만나."

즐거운 목욕 시간이 왔습니다! 우리 깨끗하게 몸을 씻고 머리 감고 뽀송뽀송 새 옷으로 갈아입을까요? 목욕 시간을 알리자마자 아이는 욕실로 들어와 엄마에게 얌전히 몸을 맡긴다. 아이 머리와 몸에 비누칠을 하고 샤워기로 두세 번 헹궈내면 목욕 끝! 아이도 나도 상쾌하게 기분 좋아지는 목욕 시간. 하루 중 가장 행복한 시간이다……라는 희망찬 상상을 한 적이 있다. 힘겨운 목욕시키기를 마치며 과연 이런 날이 올지 한숨을 내쉬면서.

현실은 이랬다. 씻지 않겠다고 한참을 도망 다니는 아이를 기껏 잡아오면, 잠깐만 있다 하겠다, 오늘은 머리를 감지 않겠다, 거품은 안 묻히겠다, 아빠랑 하겠다 등 별의별 핑계를 다 대며 목욕 시간을 지연시킨다. 며칠을 관찰해보니 진을 빼는 데 팔 할은 아이가 머리 감기를 싫어해서 피하는 데 있었다. 목욕하는 중에도 머리 감는 것을 많이 겁내고 두려워한다. 예전에 돌보미로 오셨던 어떤 분은 아이 목욕시키기가 힘들다고 며칠 만에 그만두셨다. 백 퍼센트 그 이유만은 아니었겠지만, 목욕시키기가 돌봄 업무 중에서도 고난도의 강도 높은 일임은 인정한다.

다른 엄마들과 얘기를 나눠보니 비단 우리 아이만의 문제는 아닌 듯싶다. 머리 감기기가 힘들다고 호소하는 엄마들이 매우 많았다. 머리 감길 때 씌우는 샴푸캡도 사용해 보고, 목욕 의자에 앉혀도 보고, 장난감도 들려줘 봤다는 엄마들. 하지만 머리 감기 싫다고 울고 떼쓰는 아이와 억지로라도 감기려는 부모 사이에 남는 건 상한 감정과 낭비된 에너지, 지나간 시간뿐이다.

어떻게 하면 아이의 머리 감기 공포를 없애줄 수 있을까? 답을 찾기 위해 우리 아이에게 진지하게 물어보았다. "왜 머리 감기가 싫어?" 눈에 물이 들어가고, 거품이 얼굴에 닿는 게 무섭다고 한다. 흠……. 물이 안 들어가고 거품이 안 닿게 샤워시키는 묘기라도 배워야 하나. 벌써 내 키의 반도 훌쩍 넘은 아이를 무릎 위에 눕혀 감길 수도 없고, 매번 욕조에 물을 받아 황제 목욕을 시켜줄 수도 없는 노릇이었다. 아이를 위해, 또 나를 위해 머리 감기를 즐겁게 만드는 방법에 관한 연구를 시작했다.

우선 아이를 세워 아이의 고개를 뒤로 젖힌다. 물과 거품이 조금이라도 눈에 들어갈까 무서워하니 고개를 젖혀 천정을 보게 하고 샤워기로 머리카락만 헹구는 자세를 잡는다. 고개를 젖힌 아이가 균형을 잃을까 겁을 낼 수 있으니 엄마 몸에 기대라고 말해준다. 엄마를 붙잡고 있으면 안정감을 느낄 것이다. (엄마 옷은 다 젖을 것이므로 이왕이면 아이 목욕시킬 때 엄마도 같이 샤워를 하는 게 가장 좋다.) 머리 감기 준비 단계를 마치면 빠르게 본 임무를 수행한다. 그래야 머리 감기가 눈 깜짝할 새에 끝나는 아주 쉬운 일이란 걸 각인시킬 수 있다. 여기서 우리가 잠이 잘 안 올 때 흔히 쓰는 수법인 '양

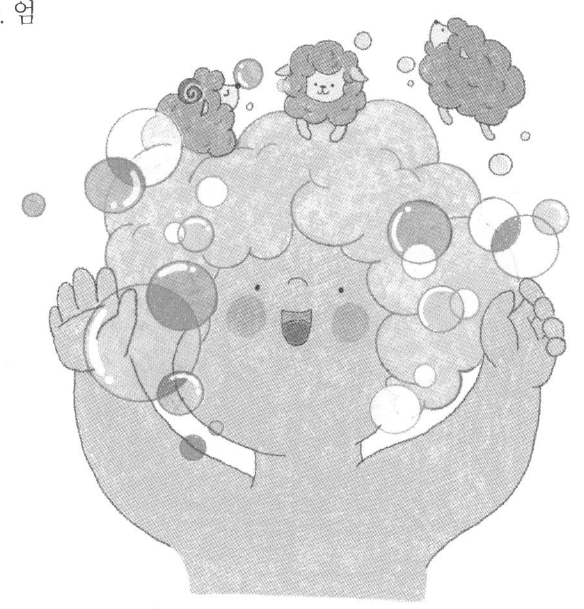

세기'를 적용해보기로 한다. 아이가 눈을 감고서 양 열 마리만 세면 머리 감기 끝이라고 약속하는 것이다. 열 마리를 등장시키는 동안 북북 박박 거품 내기와 뽀드득 헹구기를 신속하게 끝낸다. 연구 끝! 실전에 적용!

마침 며칠째 머리를 감지 않겠다고 버티고 있는 아이를 내가 목욕시킬 기회가 왔다. 아이를 욕실로 데려오는 데까지는 성공했지만, 아이는 여전히 좁은 욕실에서 이리저리 움직이며 몸을 피하고 있다.

"엄마랑 완전 빠르게, 아주 재밌는 머리 감기 해볼까? 이렇게 엄마한테 기대어 있으면 물방울도 하나도 안 튀고 금세 끝날 거야. 뒤로 고개를 젖히고 눈을 감아보렴. 그리고 매애~~ 하는 양을 열 마리만 세는 거야. 준비됐나요?"

"……."

양 얘기를 하자 움직이지 않고 가만히 듣고 있는 아이를 보며 밀어붙인다.

"양 한 마리. 양 한 마리 왔나요? 뭐 하고 있나요?"

"배추 먹어요."

눈 감고 양을 상상하라고 했더니 바로 대답이 나온다. 난 아이가 상상의 나라에 빠져든 이 중요한 순간을 놓치지 않고 대화를 이어간다. 물론 재빠르게 머리를 감기면서 말이다.

"오오, 그래? 양 한 마리가 배추를 먹는구나. 자, 친구 양 한 마리가 오네요. 양 두 마리. 양 두 마리 친구들은 뭐 하고 있나요?"

"코 자러 가요."

"오오, 배추 먹고 나서 배가 불러 잠이 오나 보구나. 저기 양 한 마리 또 오네. 양이 몇 마리가 됐나요?"

"양 세 마리요."

"오오, 이제 세 마리가 됐구나. 세 마리 친구들은 뭐 하고 있나요?"

"소풍 가요."

"오오, 양 세 마리가 소풍을 가는구나. 정말 신나겠다!"

양 열 마리를 세면 머리 감기를 마치기로 했는데, 양 세 마리를 셌을 때 이미 거품질이 끝났고, 다섯까지 세니 고루고루 헹굼질까지 마칠 수 있었다. 사실 숫자 세는 동안 이야기를 나누다 보니 속도를 내 맘대로 조절할 수 있었다. 이렇게 쉬울 줄이야! 다음 날은 양 세 마리에 머리 감기를 마쳤다. 그리고 익숙해진 지금은 양 두 마리면 충분하다. 양 두 마리에 꿈에 바라던 즐거운 목욕 시간이 현실화된 것이다. 이젠 잠이 오지 않을 때 말고 아이의 머리를 감길 때 꼭 양을 불러와 보시기를 바란다. 열 마리 양이 평화로운 머리 감기를 해결해줄 테니.

07 엄마와 책 읽기

책과 친해지기

엄마, 오늘은 '시장 나들이' 책 읽어주세요!

시장에 가면 시금치도 있고~

시장에 가면 고등어도 있고~

시장에 가면 복숭아도 있고~

엄마, 그런데 왜 나들이라고 해요?

산들산들 아카시아 꽃이 날리면 봄나들이

사락사락 나뭇잎이 노래하면 숲나들이

살랑살랑 우리 집 강아지랑 동네나들이

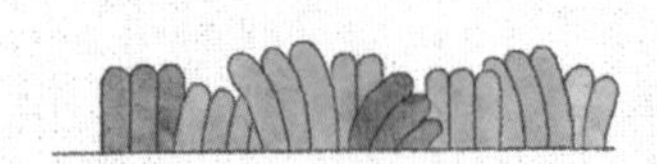

엄마, 시장에 가서 무얼 살까요?

뻥! 하고 튀기면 우주까지 날아가는 팡팡팡 뻥튀기

내 두 손보다 더 커다란 따끈따끈 찐빵

쿨쿨쿨 우리 아빠 잠도 깨우는 지글지글 쏘시지

엄마, 책 다 읽었으니 우리 시장 나들이 가요.

북적북적한 시장 나들이요!

내가 어릴 때부터 책을 많이 읽었더라면 내 인생이 조금은 달라졌을 거란 생각을 가끔 한다. 책 속에 길이 있다는 말을 어릴 적엔 이해하기 어려웠다. 책 읽으라고 강요를 받던 교육 환경에 대한 모종의 반항심도 있었던 것 같다. 직장인이 되고 나서야 책 읽기가 중요하다는 걸 깨달았는데 '꾸준히, 많은' 책을 읽는 습관은 들이지 못해서 아직도 노력 중이다. 매일 출퇴근 시에 몇 페이지라도 꼭 읽으려고 애쓰고 있다.

우리 아이에게도 어릴 때부터 책 읽기 습관을 잘 들여주고 싶지만, 단순히 책을 꼭 읽어야 한다고 강요하고 싶지는 않았다. 부모로서 물고기를 잡아다 주는 대신 물고기 잡는 법을 가르치는 것을 '책 읽기'에는 어떻게 적용해야 할까? 그건 바로 책과 친해지게 만드는 것이라는 생각이다. 아이가 책과 친해지게 하는 것이 지금 내가 도움을 줄 수 있는 부분일 것이다. 아이의 책 읽기 습관은 아직까지는 잘 잡혀가고 있는 것 같다. 도서관에 가면 십여 권의 책을 혼자 읽고, 집에서도 아침, 저녁으로 책을 가까이하는 모습을 자주 본다. 부모마다 스타일이 다르기에 책 읽어주기에 대한 정답은 없을 것이다. 하지만 아직 책을 멀리하는 아이들도 있을 것이고, 책 읽어주기가 어려운 부모님들도 계실 수 있으니, 내가 우리 아이에게 해준 방법이 조금이라도 도움이 되었으면 하는 마음으로 몇 가지 방법을 소개하고자 한다.

1. 아이가 책을 고르게 한다.

집에 있는 유아서나 어린이 책 중 내가 아이를 위해 사준 책은 열 권 남짓이다. 책장

속 책들은 대부분 친척이나 이웃에게 물려받았다. 터울이 많은 형님들 책을 물려받다 보니 자연히 아이의 수준에 맞지 않는 책들도 있다. 하지만 아이가 책 읽기를 원하는 때에, 아이가 골라오는 어떤 책이든 상관없이 읽어준다. 어른 책이나 잡지를 원하면 그도 거리낌 없이 읽어준다. 한동안 내 침대 머리맡에 뒹굴던, 실은 나도 읽기가 어려워 속도를 못 내던 책이 있었다. 유발 하라리의《21세기를 위한 21가지 제언》이라는 책을 우리 아이는 참 좋아했다. 첫 장부터 시작해서 챕터가 나뉘는 부분의 간지들을 찾아다니며 꼭 한 챕터 이상을 읽어달라고 주문한다. 이해하든 못하든 아이가 원하니 꾸준히 읽어주었다. 시사 잡지도 아이가 선택하는 단골 메뉴다. 편집자의 말이나 아이가 관심을 보이는 그림이 있으면 해당 본문을 읽어주고, 어떤 내용인지 요약해서 아이의 언어로 설명해주었다. 책을 읽어줄 때 한 가지 원칙이 있다면 '자기 전에' 아이가 고른 책 꼭 한 권을 읽어주는 것이다. 꾸준한 습관을 들이기 위해서다.

2. 표지에 대해 말한다.

책을 읽어주는 것보다 겉표지를 보고 아이와 이야기하는 시간이 책 읽기의 반 이상을 차지할 때가 있다. 표지에 있는 지은이가 누구인지도 설명해준다. 지은이를 얘기하다 보면 가끔 아는 사람과 이름이 같은 동명이인이 나오기도 하고, 발음하기 어려운 외국인도 나오고, 토끼와 거북이 같은 동물 이름도 나온다. 옮긴이가 있으면 원작이 외국 동화라는 것도 얘기해준다. 이렇게 지은이의 이름과 지은이 소개만으로도 얘기할 거리가 많이 나온다. 아이의 마음이 꽂힌 표지 그림이나 신기해하는 글자가 있으면 그것에 대해서도 아이 생각을 묻고 한참 얘기를 나눈다. 내가 미처 보지 못한 그림이나 글씨를 아이가 발견할 때도 많다. 아이 수준에서 궁금한 질문들에 대한 답을 해주기도 하고, 본문에 어떤 내용이 들어 있을지도 함께 상상해본다.

3. 본문은 아이 페이스에 맞춰서 읽어준다.

많은 엄마들이 책 읽어주기 재능을 타고난 것 같다. 가끔 다른 엄마들을 보면 참 차분하고 재미나게 잘 읽어주신다. 그러니 누굴 따라하기보다는 본인의 스타일을 살리면 아이도 익숙하고 편안하게 받아들일 것이다. 나도 우리 아이를 위해 억양의 고조나 소리의 강약을 조절해가며, 때론 아이에게 스킨십을 해가며 (어흥! 하면서 아이 몸을 잡는다든지) 내가 할 수 있는 최선을 다해 재미있게 읽어주려고 노력한다. 하지만 읽어주는 스킬보다 더 중요한 건, 아이의 반응을 살피고 이에 맞춰 호응하는 일이다. 아이의 눈길을 따라 아이가 기뻐하면 같이 웃고, 슬퍼하면 같이 슬퍼해 주는 등 아이의 감정이나 의견에 동조해준다. 본문 중에 아이 생각에 재미난 표현이 있어서 꺄르르 웃거나 계속 따라하는 말이 있으면 나도 같이 따라하고 즐거워한다. 책장을 넘기는 것은 아이가 주도권을 갖게 한다. 그다음 장으로 넘어갈 마음의 준비를 아이 스스로 하게 한다.

아이가 책과 친해지니 누구보다 내가 편하다. 놀아 달라 보채지 않으니 내 시간이 생기고, 복작대던 집안이 조용해지니 여유로워 좋다. 사람은 읽는 대로 만들어진다는 말이 있다. 오래도록 책과 친해져 책에서 얻은 배움으로 성장하는 아이가 되기를 기대한다.

08 행복한 미술 놀이

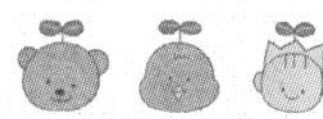

그림 그리기

행복한 미술 놀이를 해볼까요?

엄마가 가르쳐준 미술 놀이인데요, 정말 재미있어요.

가위바위보를 해서 술래를 정하고요.

이긴 사람이 먼저 모양을 하나 그려요.

아무 모양이나 다 된대요.

선, 동그라미, 세모, 네모, 찌그러진 모양도요!

그러면 술래가 그걸 다른 모양으로 바꾸는 거예요.

아무 모양이나 다 된대요.

산, 바다, 비행기, 오징어, 구름으로도요!

꼭 해보세요. 정말 재미있어요.

하얀 도화지 위에 아이의 예쁜 꿈을 그려나가라고 커다란 스케치북과 크레파스를 사 준다. 아이의 상상력을 발휘해서 선을 긋고 색을 칠하면 그 자체가 부모에겐 소중한 작품이 된다. 손가락에 구멍을 끼워 사용하는 크레파스로 그림 짓을 할 때부터 우리 아이가 그린 스케치북을 모아두었다. 하지만, 세 살이 되고 네 살이 되어도 아이의 그림 솜씨는 좀처럼 늘지 않는다. 다섯 살이 되어서도 삐뚤빼뚤 선과 울퉁불퉁 동그라미를 겨우 그리는 정도다. 아니, 그림 그리기를 즐기지 않고 특히 색칠은 아예 하려고 하지도 않는다. 어린이날이나 생일 때마다 쌓이는 선물이 각종 크레파스인데 뜯지 않은 새 크레파스는 쌓여가도 다 쓴 크레파스는 찾아볼 수가 없다.

가끔 아이와 함께하는 저녁이나 주말에 그림 색칠하기, 물감 놀이, 욕실 그림 놀이 등 편하게 그림 그릴 수 있는 환경을 만들어 주었지만, 아이의 관심은 잠시뿐이다. 가만히 관찰해보니 세 가지 원인이 있는 것 같다. 첫째는 원래 그림 그리기에 관심이 별로 없다. 둘째는 아이와 대부분 시간을 함께 보내는 돌봄 선생님과 그림 그리기를 주로 하는데 선생님의 화려한 그림 솜씨에 이미 주눅이 들어 있다. 언제부턴가 아이의 스케치북은 돌봄 선생님의 자동차, 동물, 사람 그림으로만 가득 차 있었다. 아이는 그리기를 할 때마다 어떤 모양이든 뚝딱 그려내는 선생님께만 의존하는 것이다. 셋째는 삐뚠 것을 참지 못하는 아이의 완벽주의적인 성격 때문이다. 그렇잖아도 주눅이 들었는데, 그림을 그리거나 색칠을 하면 자꾸 삐죽삐죽 튀어나오니 자신의 그림에 만족할 리 없다. 그러다 보니 점점 그리는 것에 흥미를 잃어서, 엄마와 그림 놀이를 할 때도 “엄마가 그려줘"라는 말을 반복한다. 그러다 보면 나도 곧 흥미를 잃고 다음에 하자고 접어버리고 만다.

아이와 내가 하는 활동은 점차 '책 읽기' 하나로 통일돼 버렸다. 그런데 어느 날 아이에게 동화책을 읽어주다가 아이와 재미있게 그림 놀이를 할 만한 그럴싸한 아이디어를 얻었다. 영국 작가 앤서니 브라운의 책《앤서니 브라운의 행복한 미술관》이었는데, 책의 내용에 그가 어릴 적 어떻게 그림 그리기에 관심이 생겼는지가 나와 있었다. 그는 가족들과 합동 작품을 만들어내는 그림 놀이를 많이 했다고 한다. 즉 한 사람이 어떤 모양을 그리면 다음 사람이 다른 모양으로 그림을 완성해내는 것이다. 역시 책 속에 답이 있다.

난 우리 아이와 함께 이 훌륭한 아이디어를 실행에 옮겨보기로 했다. 아직 크레파스

나 색연필을 손에 쥐는 게 어색한 아이에겐 작은 도화지보다는 거실 한쪽 벽에서 존재감 없이 잠자고 있던 대형 칠판이 적격일 듯했다. 아이가 좋아하는 색의 마커펜을 고르게 하고 나도 하나 골랐다. 칠판은 아주 유용했다. 내가 아이를 따라 선 하나를 그리거나 동그라미 하나를 그려도 재미있는 이야기가 만들어졌다. 선 하나가 큰 바다가 됐다가 산이 됐다가, 동그라미 하나가 오징어도 됐다가 비행기도 됐다가 하면서 말이다. 남편이 장기 출장을 갔을 때 아이와 함께 그림 놀이를 했는데, 그림의 주제가 자연스럽게 아빠가 되었다. 아빠를 그리워하는 마음으로 아빠에게 기타도 쳐주고, 아빠와 책도 같이 읽고, 아빠와 꿈나라에서 만나는 그림이 완성됐다. 정신없이 선만 있는 어지러운 그림을 아빠에게 선물로 보냈지만, 이게 뭘 의미하는지 잘 모를 아빠보다는 나와 아이에게 좋은 추억으로 남았다.

돌봄 선생님께는 아이와 그림 놀이를 할 때는 되도록 실력을 감추시라고 말씀드리고, 이 방법을 가르쳐드렸다. 아이는 선생님이나 엄마에게 그림을 그려달라고 떼를 부리지만 그림 실력이 현저하게 줄어버린 우리를 곧 적응했다. 아직도 크레파스를 쥘 때 너무 위쪽으로 쥐어 폼이 영 어색하긴 하지만 아이는 이제 색칠도 시도한다. 그러면서 "엄마, 선 밖으로 삐져나와도 돼?"라고 묻는다. 그러면 "당연하지, 그래도 멋진 그림이 나오지. 선 밖으로 나오는 게 싫으면 조금만 연습하면 돼"라고 대답해준다. 아이는 한 색깔로 산과 나무, 허수아비를 다 붉게 물들여버린다. 그러면서 "멋있지, 엄마? 난 화가가 되고 싶어"라고 말한다. 원래 그림 그리기에 관심이 없다고 생각한 건 내 착각이었던 것 같다. 조금 늦은 감이 있지만, 아이가 그림 그리기를 좀 더 편하게 받아들이고, 그림으로, 색으로 아이가 상상한 이야기와 생각들을 잘 표현해내기를 바라본다.

09 자장자장 우리 엄마

잠자기

오늘은

산책 시간에 동그랗고 빨간 열매 세 개나 주웠어요!

그게 가장 신나는 일이었어요.

오늘도

쭈까쭈까쭉쭉

우리 엄마는 내 다리와 팔과 배를 만지고

꾸~욱

안아줘요.

그런 엄마 손이 참 따뜻해요.

오늘밤은

용기맨 동화책을 읽고

씩씩하게 잠들기로 했어요.

불도 다 끄고 말이에요.

꿈 속에서

용기맨이 사는 저 북극나라도 가보기로 했어요.

으스스스 얼어붙을 것 같아요!

밤하늘

별들은 무슨 꿈을 꿀까요?

우리 엄마는 무슨 꿈을 꿀까요?

자장자장 우리 엄마, 사랑해요.

1년여의 육아 휴직을 끝내고 복직할 즈음, 난 육아가 아닌 다른 일을 할 수 있음에 감사했다. 하지만 동시에 육아 휴직이 끝났다고 육아가 끝난 게 아닌 사실에 절망했다. 1년 동안 이만큼 고생했으면 됐다 싶었는데, 이 정도면 성과를 내고 끝낼 법도 한데, 기간이 정해진 프로젝트가 아니라 이미 내 삶의 일부인 육아는 이제 고작 1년을 넘겼을 뿐이라는 사실이 나를 숨 막히게 했다. 육아가 뫼비우스의 띠 위에서 끊임없이 달리는 것만 같은 고통을 동반한다는 것을 출산 이전에는 생각지도 못했다. 어떻게 이렇게 힘든 일이 끝이 없을 수가 있나요. 이 정도면 할 만큼 한 거 아닌가요. 하늘에 물으며 긴긴 육아와 함께 직장으로 불안한 복귀를 했다.

역시 워킹맘은 힘들었다. 출퇴근 때마다 전력 질주를 해야만 양쪽의 일터 시간에 턱걸이하듯 맞춰갈 수 있었다. 힘든 육아 업무 중에서도 직장 퇴근 후의 육아 노동 시간을 끝도 없이 연장시키는 악성 요소가 있었으니, 그건 아이 재우기였다. 책도 읽어주고 자장가도 불러주고 토닥토닥 해줬으면 이만 자야 하는 것 아닌가. 한두 시간을 훌쩍 넘겨도 잠들지 않는 아이를 두고 화딱지가 나서 아이 방을 뛰쳐나왔던 적도 여러 번이다. 나도 편히 쉬고 싶고, 드라마도 보고 싶고, 푹 자고 싶다고……. 하소연도 하지 못하고 나는 무슨 죄인가 하는 억울한 마음만 쌓여갔다. 설상가상으로 저녁밥이 소화가 되기도 전에 아이를 재운다고 나도 옆에 눕는 버릇을 들이니 역류성 식도염까지 생겼다. 종일 엄마 냄새를 맡지 못한 아이가 졸린 눈을 비벼가며 엄마와 더 놀고 싶어 하는 것도 이해하지만, 내 건강까지 해쳐가며 아이를 돌볼 수는 없는 일. 재우기 임무에서 벗어날 특단의 조치가 필요했다.

근 한 달을 남편이 대신 재워도 보고, 내가 거실에 앉아서 아이를 지켜본다는 전제로 아이 혼자도 재워보았다. 하지만 늦은 밤까지 버티며 결국 엄마 품을 찾는 아이를 지켜보는 것은 정말이지 고통스러웠다. 재우기는 얼마 못 가서 내 몫으로 돌아왔다. 어차피 내가 해야 하는 일이라면 가능한 빨리, 그리고 효과적으로 하자. 그동안 책과 자장가만으로 진행했던 수면 의식의 질을 더 높여 엄마와 함께 빨리 꿈나라로 가는 여정이 꽤 즐거운 일임을 경험하게 해주기로 했다. 어떻게 수면 의식의 질을 높일까? 나는 다음과 같은 세 가지 원칙을 만들었다.

첫째, 마음의 긴장 풀어주기

아이의 하루가 어땠는지 물어보고 도란도란 이야기를 나눈다. 아이는 주로 좋다, 싫다 같은 짧은 대답을 하지만, 속마음을 열어 대화하는 것 자체가 아이에게 그날 쌓인 마음의 스트레스를 풀어주기에 하루를 마감하는 좋은 습관임은 틀림없다.

둘째, 몸의 긴장 풀어주기

아이의 몸을 짧게 마사지해준다. 아이가 돌 즈음 육아 학교에서 배웠는데, 팔다리 관절 위주로 부드럽게 만져주면 몸에 쌓인 피로가 풀어지고 성장점도 자극된다고 한다. 아이는 간지럽다고 피식피식 웃으며 몸을 움츠린다. 아이 몸을 만져주고 나서 꾸욱 안아주면 나도 아이가 매일 건강하게 성장하는 걸 느껴 감사한 마음이 된다.

셋째, 엄마와 놀지 못한 아쉬움 없애주기

잠자리에 들기 전 엄마와 충분히 시간을 보내지 못한 아쉬움을 이길 만한 침대 위의 퀄리티 타임을 갖는다. 책 한 권을 함께 읽고, 침대 옆에 붙은 세계 지도를 보며 세계 여행을 하고, 엄마는 아이에게, 아이는 엄마에게 서로서로 자장가를 불러주는 자장가 배틀을 한다. 은은한 조명 아래, 아이가 읽고 싶은 책을 골라와 읽고 나면 아이가 졸린 눈을 비빈다. 잠을 청하면 몇 번 토닥여주고, 아직 더 놀 기세라면 다음 순서로 간다. 세계 지도를 보면서 꿈나라에서 어느 나라를 여행하고 싶은지, 그 나라에는 무엇이 있을지 얘기 나눈다. 아직도 잠들 품새가 아니면 마지막으로 서로 자장가를 불러준다. 자장가를 부르다 보면 나도 꾸벅 잠이 들 때가 있는데 아이도 그러지 않을까 해서 아이한테도 엄마를 위해 불러 달라고 요청해보았다. 아이는 '자장 자장 우리 엄마, 잘도 잔다. 우리 엄마' 이렇게 개사를 하는 것은 물론이고, 좀 크니 창작곡까지 지어가며 엄마에게 자장가를 불러준다. 이걸 다 하면 30분 정도가 소요되는데, 보통은 책을 읽은 후 아이는 가장 편한 자세인지 오른쪽으로 돌아눕고는 천천히 눈을 껌벅이다 잠이 든다. (역시, 이 모습이 가장 사랑스럽다.)

가끔 모든 수면 의식을 다했는데도 아이가 쉽게 잠들지 못할 때가 있는데, 이때는 아이가 어떤 말을 붙여도 꿈나라에서 만나자는 인사를 하고 대응하지 않는다. 어떤 대꾸도 해주지 않으니 혼자서 상상 놀이를 하며 꼼지락거리고 종알종알하다가 서서히 잠이 든다. 짧으면 30분, 길어도 50분 내에는 잠이 든다. 재우는 일이 여전히 버거울 때도 있지만, 이 시간이 아이에게 좋은 영양분이 되리라 믿으며 또 하루를 마감한다.

아이야, 잘 자고 쑥쑥 자라거라.

10 내가 제일로 좋아하는 말

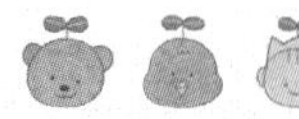

좋은 말 심어주기

아침마다 내 등을 도닥도닥 쓰다듬어주시는 할머니

"우리 하진이 축복동이, 사랑동이, 귀염둥이"

내가 다 본 책들을 책장에 꽂으면 으허허 웃으시는 아빠

"우리 하진이 정리왕"

물을 엎질러도, 넘어져도 날 안심시켜주시는 엄마

"우리 하진이 괜찮아"

작은 블록을 찾아오면 친절해지는 우리 형

"우리 하진이 명탐정"

하진이가 제일로 좋아하는 말이랍니다.

요즘처럼 취업이 어려운 시대에 난 대학 시절 꿈꾸던 회사에 취직해서 다니고 있으니 참으로 감사한 일이다. 광고회사에서 하는 업무에 대해 궁금해하는 사람들이 많은데, 그런 질문을 받을 때마다 나는 '커뮤니케이션하는 일'이라고 대답한다. 커뮤니케이션의 사전적 정의는 '사람들끼리 서로 생각, 느낌 따위의 정보를 주고받는 일'이며 주로 '말'이나 '글'로 한다고 되어 있다. 고객과의 커뮤니케이션, 내부 직원 간의 커뮤니케이션이 회사 업무의 주를 이룬다. 그러다 보니 당연히 주고받는 말에 의한 스트레스가 상당히 높은 직종 중 하나다. 매일같이 말 한마디에 천 냥 빚을 지기도하고 갚기도 하는 일이 생기니 말이 얼마나 중한지 깊이 깨닫는다.

예전에 친구와 얘기를 나누다가 어릴 때부터 듣는 '말'의 중요성을 다시 한 번 심각하게 느낀 적이 있다. 그 친구는 여러 번 이직을 경험했으나 여전히 회사생활이 어렵다고 했다. 상사나 팀원들과의 관계에 있어 어려움을 많이 호소했는데, 그 원인을 따지고 들어가 보면 생각의 끝에는 항상 그가 어릴 적에 부모에게 들었던 말로 인한 상처가 자리 잡고 있었다고 한다. 늘 엄격하셨고, 무엇이든 '더' 잘해올 것을 요구하셨던 부모님은 그에게 칭찬의 말, 축복의 말, 긍정의 말을 아끼셨다. 그런 이유에서인지 그 친구는 매사에 자신도 없고, 남도 만족시키지 못한다고 괴로워했다.

어릴 때 들은 부모의 말이 자식의 평생에 영향을 끼친다는 것은 정말 무서운 일이다. 말이 주는 영향은 그 말이 의미하는 사람을 만드는 정도라고 해도 과언이 아니다. 오죽하면 말이 씨가 된다는 속담이 있겠는가. 씨가 되는 말. 아이에게 어떤 씨를 심어주면

형아가
다 됐구나.
나 왕관 잠깐
써봐도 돼?
하마야,
좋은 친구가
되어 줘서 고마워.
돼지야,
항상 먹을 것을
나눠줘서 고마워.
사랑해.
여보, 사랑해.

좋을지, 어떤 말을 해주면 좋을지 생각해 볼 일이다.

우리 아이가 태어나서부터 줄곧 아이가 일어나 눈 뜨면 아이를 안아주면서 해주는 말이 있다.

"축복동이, 사랑동이 우리 아이야, 세상을 이롭게 하렴."

우리 아이가 축복과 사랑을 받은 아이라는 것은 아이의 정체성이다. 어떤 환경에서든 자신의 정체성을 뿌리내리고 살아가라는 뜻이다. '세상을 이롭게 한다'라는 건 아이의 본이름에 담긴 뜻이다. 아이의 이름을 지을 때 꼭 그 뜻을 담고 싶었다. 그에 맞는 멋진 이름을 찾아 직장 동료들을 대상으로 공모를 붙일 정도였다. 이렇게 아이의 정체성을 일깨우고, 아이 이름의 의미를 매일 아침 상기시켜 준다. 먼 훗날 아이가 어떤 고난과 시련을 겪더라도 자신을 무너뜨리지 않고 꿋꿋하게 일어서며 더 나아가 주변을 이롭게 하는 사람이 될 것을 믿으면서.

좋은 말로 좋은 씨를 심어주는 만큼, 좋지 않은 말은 꼭 걸러주리라 다짐하고 조심하는 말도 있다. 첫째는 남과 비교하는 말이다. 난 아이의 있는 그대로를, 고유한 본성 자체를 인정하고 존중한다. 모든 아이가 다 각기 다른 기질과 탤런트를 가지고 태어나므로 다른 아이와 비교하지 않는다. 엄마, 아빠가 어렸을 땐 어땠다는 둥 하는 부모와의 비교도 무의미하다. 부모를 통해 나왔지만, 부모의 소유는 아니기 때문이다. 둘째는 실수를 탓하는 말이다. 행동도 미숙하고 사리 분별이 약한 어린아이가 실수하는 것은 당연하다. 부수든 망가트리든 엎지르든 고의가 아니라면 실패와 실수는 탓하지 않는다. 아이도 실패를 넘어서고 실수를 줄여 나가는 과정일 테니 말이다. 셋째는 무조건 대단하다고 칭찬하는 말이다. 어릴 적 영특하다고 칭찬을 받았던 나는 초등학교에 가자 산

수 문제를 틀리는 게 겁이 났다. 그러다 보니 점차 어려운 문제에 도전하지 않게 되고, 결국은 수포자가 되었다. 우리 아이는 집중을 잘하고 관찰력과 기억력이 좋은 편인데, 아이에게 영특하니, 천재니, 대단하니 하는 말은 사용하지 않는다. 대신 아주 구체적인 말로 칭찬한다. 그걸 기억하고 있구나, 엄마는 못 본 걸 관찰했구나, 하는 식이다.

직업상 말에 대한 생각을 많이 하다 보니 말에 대한 나름의 기준을 가지고 아이를 기를 수 있어서 다행이라고 생각한다. 좋은 말의 씨앗을 잘 심어주고, 좋지 않은 말의 씨앗을 다 잘라내면 그만큼 탄탄한 땅에서 올곧게 성장할 것이라 믿는다. 우리 아이 자신만의 고유한 재능을 잘 키워내고 그 재능으로 사회와 사람들에게 보탬이 될 것을 기대해본다.

나가는 말

육아는 육체적 · 정신적으로 힘들고 어려운 일이다. 하지만 아무리 힘들어도 포기할 수도, 되돌릴 수도 없다. 직장생활과 병행하는 육아는 그 고통이 배가되기도 한다. 그래도 위안이라면 아이가 없었을 때는 상상조차 할 수 없던 아이만이 주는 큰 기쁨을 누리는 것이리라. 아이를 생각하기만 해도 벅차오르는 행복한 순간들이 수도 없이 많다.

- 손가락 두 마디도 안 되는 작은 입으로 오물오물 먹는 모습을 볼 때
- 한시도 가만히 있지 않고 집 안 구석구석을 돌아다니며 정적인 공간에 활력을 줄 때
- 끊임없이 재잘재잘 자기 생각을 쏟아낼 때
- 신나게 춤을 추며 앞질러 갈 때
- 가르쳐주지도 않은 어려운 단어를 쓰며 깜짝 놀라게 할 때
- 엄마 안경을 찾아주고는 작은 어깨를 으쓱댈 때
- 자고 일어나서 웃는 얼굴로 엄마 품에 쏘옥 안길 때

• 손을 잡고 걸을 때마다 내 손 안에 들어온 아이의 손이 조금씩 자라나는 걸 느낄 때

• 아이와 함께 아이가 더 어렸을 때의 사진을 볼 때

• 햄부톤(핸드폰), 마음다섯 살(마흔다섯 살)이라고 발음할 때

• 아이가 몰래 숨겨놓은 신발에 든 돌, 휴지심 안의 작은 곰돌이 인형, 내 가방 안의 아이 책을 발견할 때

건조한 삶에 이 생동감 넘치는 행복을 주는 건 오직 아이만이 할 수 있는 어마어마한 능력이다. 아이가 부모를 필요로 하고 부모를 사랑한다고 표현을 할 때 느끼는 희열과 감동은, 그래서 억만금보다 값지다.

스토리텔링 육아는 아이와 공감해주는 것이다. 아이의 편에 서서 아이의 마음을 함께 느끼고, 감정을 공유하는 것이다. 스토리를 생각하다 보면 욱하는 순간을 넘길 수 있다. 부모에게 기다림의 여유를 주는 것이다. 또한 아이의 눈높이에서 부모가 희망하는 바람직한 방향으로 인도할 수 있게 한다. 아이도 좀 더 나은 방향으로 움직일 에너지를 받는다. 스토리를 들은 아이는 부모에게 귀를 기울이며 삶의 지혜를 차곡차곡 쌓아갈 것이다.

광고마케팅에서 좋은 기획이 브랜드를 살리는 것처럼 육아에서도 좋은 스토리텔링이 아이를 올바르게 성장시킬 수 있으리라 믿는다. 내가 심어주고 싶은 올바름이란, 첫

째는 아이가 세상적인 가치에 물들지 않고 진정한 삶의 가치를 발견하는 것이다. 둘째는 의존하기보다는 주체적인 삶을 살기를 바란다. 셋째는 자신만을 위하지 않고 남들과 더불어 상생하는 것이다. 마지막으로 새로운 도전을 두려워하지 않으며 담대하게 성장하는 것이다. 나는 앞으로도 아이가 그렇게 커갈 수 있도록 아이의 의사를 존중하며 아이의 눈높이에서 좋은 스토리를 많이 들려주고 싶다.

육아하는 모든 부모님에게 조금이나마 보탬이 되고자 하는 마음으로 책을 쓰게 되었다. 우리 아이를 변화시킨 이 스토리들이 널리 많은 분께 쓰인다면, 아니 각자의 스토리를 만들어내는 데 힌트를 준다면 그보다 더 큰 보람은 없을 것이다. 스토리텔링을 통해 육아가 좀 더 편해지고, 더불어 아이로 인해 웃는 순간들이 더 많아지기를 기원한다.

이 모든 스토리를 만들어내도록 영감을 준 우리 아이, 이로에게 이 책을 바친다.

미운 네 살
이야기 육아

초판 1쇄 발행일 2020년 7월 1일
초판 3쇄 발행일 2020년 8월 10일

지은이 이나훈
펴낸이 유성권

편집장 양선우
책임편집 윤경선 편집 신혜진 백주영
해외저작권 정지현 홍보 최예름 디자인 박정실
마케팅 김선우 박희준 김민석 박혜민 김민지
제작 장재균 물류 김성훈 고창규

펴낸곳 ㈜이퍼블릭
출판등록 1970년 7월 28일, 제1-170호
주소 서울시 양천구 목동서로 211 범문빌딩 (07995)
대표전화 02-2653-5131 | 팩스 02-2653-2455
메일 loginbook@epublic.co.kr
포스트 post.naver.com/epubliclogin
홈페이지 www.loginbook.com

이 도서의 국립중앙도서관 출판예정도서목록(CIP)은 서지정보유통지원시스템 홈페이지(http://seoji.nl.go.kr)와 국가자료공동목록시스템(http://www.nl.go.kr/kolisnet)에서 이용하실 수 있습니다. (CIP제어번호: CIP2020023983)